Horst Pippert
Karosserietechnik

Prof. Dr.-Ing. Horst Pippert

Karosserietechnik

Personenwagen, Nutzfahrzeuge, Omnibusse

Leichtbau, Werkstoffe, Fertigungstechniken
Konstruktion und Berechnung

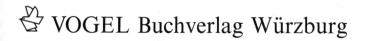 VOGEL Buchverlag Würzburg

Prof. Dr.-Ing. Horst Pippert

Jahrgang 1935. Nach Volks- und Realschule
Maschinenschlosserlehre. Besuch der Staatlichen
Ingenieurschule für Maschinenwesen in Essen.
Anschließend Konstrukteur im Turbogeneratorenbau
bei der AEG, Essen. Von 1958 bis 1963 Studium an der
TH Aachen. Danach Wissenschaftlicher Mitarbeiter
bei der Deutschen Versuchsanstalt für Luft- und
Raumfahrt, Institut für Luftstrahlantriebe,
Porz-Wahn. Seit 1968 Fachhochschullehrer in Köln,
Fachbereich Fahrzeugtechnik. Leiter der Laboratorien
für Fahrzeug-Strömungsmaschinen und Aerodynamik.
1970 Promotion zum Dr.-Ing. an der TH Aachen. Ab
1978 Leiter der Laboratorien für Fahrzeugaufbauten
und Fahrzeugaerodynamik.

CIP-Titelaufnahme der Deutschen Bibliothek

Pippert, Horst:
Karosserietechnik: Personenwagen, Nutzfahr-
zeuge, Omnibusse; Leichtbau, Werkstoffe,
Fertigungstechniken, Konstruktion und
Berechnung / Horst Pippert. – 1. Aufl. – Würzburg:
Vogel, 1989
  ISBN 3-8023-0186-2

ISBN 3-8023-0186-2
1. Auflage. 1989
Alle Rechte, auch der Übersetzung, vorbehalten.
Kein Teil des Werkes darf in irgendeiner Form
(Druck, Fotokopie, Mikrofilm oder einem anderen
Verfahren) ohne schriftliche Genehmigung des
Verlages reproduziert oder unter Verwendung
elektronischer Systeme verarbeitet, vervielfältigt oder
verbreitet werden. Hiervon sind die in
§§ 53, 54 UrhG ausdrücklich genannten Ausnahme-
fälle nicht berührt.
Printed in Germany
Copyright 1989 by Vogel Verlag und Druck KG,
Würzburg
Satz: Schmitt u. Köhler, Würzburg
Druck und buchbinderische Verarbeitung:
Franz Spiegel Buch GmbH, Ulm

Vorwort

Das Bild der Fahrzeugkarosserie wird heute überwiegend durch die Serienproduktion bestimmt. Zahlreiche Sonderformen – vor allem des Nutzfahrzeug- und Omnibusbaus – entstehen aber auch teilweise in handwerklicher Fertigung.

Dieses Buch wendet sich gleichermaßen an lernende und bereits in der Praxis stehende Fachleute. Es ist in drei Teile gegliedert: Zuerst werden die gemeinsamen Grundlagen von Personenwagen und Nutzfahrzeugen beschrieben mit besonderer Beachtung des Leichtbaus und einer Einführung in die Finite-Elemente-Methode, dann folgen die Nutzfahrzeuge mit Omnibussen und Lkw, schließlich die Personenwagen mit einem Abschnitt über die Karosseriereparatur.

Im Vordergrund stehen die Entwurfs- und Konstruktionsgrundlagen in Verbindung mit Fragen der Werkstoffauswahl und -behandlung sowie der Fertigungsverfahren. Dabei werden Rechnungen zur Vordimensionierung erstellt und mit ihrer Hilfe die «Funktion» der benutzten Konstruktionsprinzipien beschrieben, ergänzt durch Ergebnisse aus praktischen Versuchen. Bei vielen Betrachtungen findet die passive Sicherheit besondere Aufmerksamkeit. Zukünftige Aspekte der Entwicklung von Fahrzeugkarosserien und Möglichkeiten veränderter Bauweisen runden das Thema ab.

Dem Inhalt dieses Buches liegen meine Vorlesungen an der Fachhochschule Köln, Fachbereich Fahrzeugtechnik, zugrunde. Es soll eine Lücke schließen zwischen Beschreibungen für die Berufsgrundausbildung und stark theoretisch angelegter Literatur. Ich danke allen, die mich in Fragen der Konzeption und Gestaltung beraten haben, ganz besonders aber den Firmen, die Informationen und Bildmaterial zur Verfügung stellten.

Fördernde Kritik und weiterführende Hinweise sind jederzeit willkommen!

Swisttal-Odendorf   Horst Pippert

Inhaltsverzeichnis

Vorwort 5

Grundlagen 11

1 Fahrzeugabmessungen und Fahrzeuggewichte 13
   1.1 Personenkraftwagen 13
   1.2 Nutzkraftwagen 15

2 Leichtbau 17
   2.1 Leichtbaukonstruktionen 17
   2.2 Berechnung der Leichtbaukonstruktionen 20
      2.2.1 Methode der Kantenkräfte 20
      2.2.2 Vergleich verschiedener Leichtbauelemente 23
      2.2.3 Versagen von Leichtbaukonstruktionen 25
      2.2.4 Statisch bestimmte und statisch überbestimmte Konstruktionen 26
      2.2.5 Berechnung von Stabwerken mit der FE-Methode 27
   2.3 Ähnlichkeitsbetrachtungen 46

3 Werkstoffe und Halbzeuge für den Karosseriebau 51
   3.1 Stahlwerkstoffe 54
   3.2 Aluminiumwerkstoffe 55
   3.3 Glasfaserverbundwerkstoffe (GFK) 56
   3.4 Sandwichwerkstoffe 57

4 Fertigungstechniken 59
   4.1 Punktschweißen 59
   4.2 Blechumformung 63
   4.3 Korrosion 64
      4.3.1 Elektrochemische Beziehungen 64
      4.3.2 Korrosionsschutzmaßnahmen 66

Nutzfahrzeuge 73

5 Omnibusse 75
   5.1 Platz- und Raumbedarf 75
      5.1.1 Sitzverhältnisse 75
      5.1.2 Abmessungen des Innenraums 76
      5.1.3 Antriebs- und Fahrwerksaggregate 78
   5.2 Strukturenentwurf 81
      5.2.1 Vordimensionierung 81
      5.2.2 Entwurf der Trägerstruktur 93
   5.3 Konstruktion der Karosserie unter Berücksichtigung der Fertigung 97
   5.4 Zukünftige Konzepte 103
   5.5 Berechnung 106

6 Lkw-Aufbauten und Fahrgestellrahmen 111
  6.1 Platz- und Raumbedarf bei Lkw 111
    6.1.1 Fahrerhausabmessungen bei Lkw 111
    6.1.2 Aufbauabmessungen bei Lkw 112
    6.1.3 Antriebs- und Fahrwerksaggregate bei Lkw 114
  6.2 Fahrgestellrahmen 116
    6.2.1 Vordimensionierung der Fahrgestellrahmen 116
    6.2.2 Entwurf der Fahrgestellrahmen 125
    6.2.3 Konstruktion der Fahrgestellrahmen unter
         Berücksichtigung der Fertigung 127
    6.2.4 Berechnung der Fahrgestellrahmen 130
  6.3 Hilfsrahmen 135
    6.3.1 Vordimensionierung der Hilfsrahmen 135
    6.3.2 Entwurf der Hilfsrahmen 136
    6.3.3 Konstruktion der Hilfsrahmen 136
  6.4 Kastenaufbauten 142
    6.4.1 Vordimensionierung der Kastenaufbauten 142
    6.4.2 Entwurf der Kastenaufbauten 143
    6.4.3 Konstruktion der Kastenaufbauten unter
         Berücksichtigung der Fertigung 145
  6.5 Pritschenaufbauten 152
  6.6 Fahrerhäuser 152
  6.7 Anbauteile 153
    6.7.1 Ladebordwände 153
    6.7.2 Unterfahrschutz 153
  6.8 Zukünftige Konzepte 154

Personenwagen 155

7 Grundlagen für die Karosseriegestaltung 157
  7.1 Platz- und Raumbedarf 157
  7.2 Sitz- und Sichtverhältnisse 162
  7.3 Abmessungen des Innenraums 171
  7.4 Antriebs- und Fahrwerksaggregate 172

8 Passive Sicherheit 175
  8.1 Strukturmaßnahmen 186
  8.2 Innenraummaßnahmen 189

9 Zeichnerische Darstellungen 193

10 Strukturentwurf 201
  10.1 Vordimensionierung 202
    10.1.1 Biegebelastung 202
    10.1.2 Torsionsbelastung 205
    10.1.3 Belastungen beim Crash 207
  10.2 Entwurf der Trägerstruktur 209

11 Konstruktion der Karosserie unter Berücksichtigung der Fertigung 213
  11.1 Gestaltung der Einzelbereiche 213
  11.2 Besonderheiten 222
  11.3 Zusammenbau der Rohkarosserie 225

12 Konstruktionsprinzipien 231
   12.1 Karosserie mit Rahmenträger 231
   12.2 Selbsttragende Karosserie 233
   12.3 Fahrschemel-Bauweise 235

13 Zukünftige Konzepte 237

14 Berechnung 247

15 Erprobung der Karosserie 251
   15.1 Steifigkeitsmessungen 252
   15.2 Schwingungstechnische Untersuchungen 254
   15.3 Betriebsfestigkeit 256

16 Reparatur 259
   16.1 Richten einer verformten Karosserie 260
   16.2 Ersetzen von beschädigten Karosserieteilen 263
   16.3 Ersetzen der B-Säule 264
   16.4 Hintere Seitenwand mit äußerem Radkasten 265

Formelzeichen 267

Literaturverzeichnis 271

Stichwortverzeichnis 275

Grundlagen

1 Fahrzeugabmessungen und Fahrzeuggewichte

Kraftwagen werden eingeteilt in
☐ Personenkraftwagen (Pkw)
☐ Nutzkraftwagen (Lkw, Omnibus)

1.1 Personenkraftwagen

Personenkraftwagen dienen dem Transport von Personen und Gepäck. Sie werden in folgende Typen unterteilt (Bild 1.1):

☐ Limousine
☐ Coupé
☐ Kabriolett
☐ Kombi
☐ Mehrzweckwagen

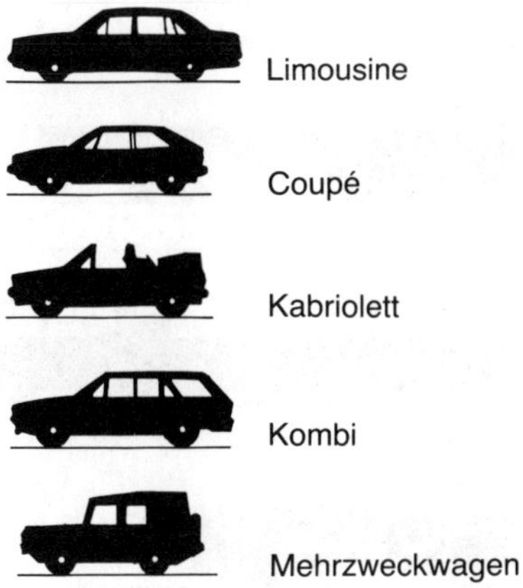

Bild 1.1 Einteilung der Pkw

Tabelle 1.1

		Kleinwagen	Oberklasse
L 103	Fahrzeuglänge über alles	3840 mm	4930 mm
W 103	Fahrzeugbreite über alles	1620 mm	1820 mm
H 101	Fahrzeughöhe	1360 mm	1400 mm

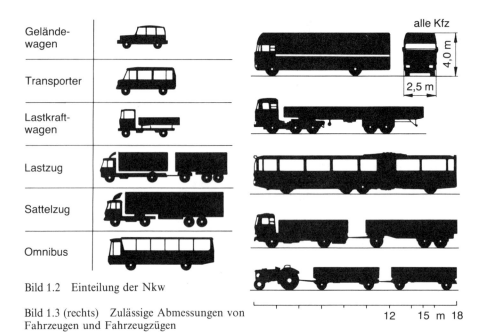

Bild 1.2 Einteilung der Nkw

Bild 1.3 (rechts) Zulässige Abmessungen von Fahrzeugen und Fahrzeugzügen

	Höchstlast	min. Motorleistung
	38 t	223 kW
	28 t	165 kW
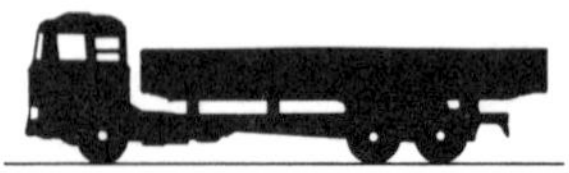	22 t	119 kW
	16 t	94 kW

Bild 1.4 Zulässige Gesamtgewichte und vorgeschriebene Motormindestleistungen für Fahrzeuge

Die Außenmaße der heute gebräuchlichen Pkw sind in Tabelle 1.1 zusammengefaßt. Die dort benutzten Bezeichnungen sind der VDA-Richtlinie 239-01 entnommen. Das Leergewicht liegt zwischen 800 kg für kleine Pkw und 1600 kg für große Pkw. Das Verhältnis Nutzlast/Leergewicht liegt etwa bei 0,4 bis 0,5.

1.2 Nutzkraftwagen

Nutzkraftwagen dienen dem Transport von Personen (Omnibusse) und Gütern (Lkw). Sie werden grob unterteilt in folgende Typen (Bild 1.2):

- ☐ Geländewagen
- ☐ Transporter
- ☐ Lastkraftwagen
- ☐ Lastzug
- ☐ Sattelzug
- ☐ Omnibus

Die zulässigen Abmessungen nach STVZO sind in Bild 1.3 dargestellt. Einzelfahrzeuge dürfen die Maße 2,5 m (Breite), 4,0 m (Höhe), 12 m (Länge) nicht überschreiten. Die zulässigen Gesamtgewichte nach STVZO zeigt Bild 1.4. Ebenfalls aufgetragen sind hier die erforderlichen Mindestantriebsleistungen.

Das Verhältnis Nutzlast/Leergewicht beträgt bei Omnibussen 0,6 (Reisebusse) bis zu 1,0 (Linienbusse). Bei Lkw mit Pritschenaufbau ist das Verhältnis Nutzlast/Leergewicht etwa 1,5 bis 2,0; bei Lkw mit Kastenaufbauten etwa 1,0. Für Sattelzüge können diese Werte bis zu 2,5 reichen.

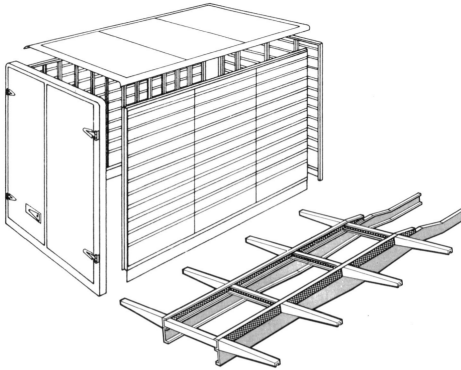

Bild 2.1 Lkw-Kastenaufbau. Der Kastenaufbau wird mit dem Hilfsrahmen verbunden und auf den Lkw-Rahmen (Bild 2.2) gesetzt. (Alu-Team)

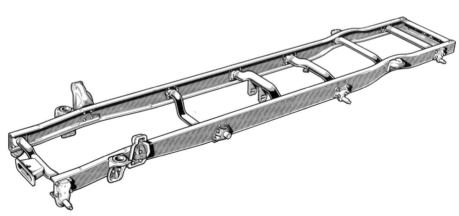

Bild 2.2 Lkw-Leiterrahmen mit Befestigungspunkten für Fahrwerk und Stoßdämpfer (Daimler-Benz)

2 Leichtbau

2.1 Leichtbaukonstruktionen

Fahrzeugkarosserien sind kastenförmige Hohlkörper. Diese Hohlkörper haben eine große Steifigkeit. Die begrenzenden Flächen können verschieden ausgeführt sein. In Frage kommen hauptsächlich:

- ☐ Blechfelder
- ☐ Fachwerkfelder
- ☐ Rahmenfelder
- ☐ (Platten)

In Bild 2.1 ist der Kasten eines Lkw-Aufbaus dargestellt. Die begrenzenden Flächen sind Blechfeldkonstruktionen. Die Ränder der Blechfelder werden durch offene Profile abgestützt. Der Türbereich ist eine Rahmenkonstruktion. Der Boden wird von Querträgern gebildet, die auf zwei Längsträgern befestigt sind. Sowohl Querträger als auch Längsträger werden aus U-Profilen hergestellt.

Lkw-Fahrgestelle tragen den Aufbau und das Fahrhaus. Sie sind als Leiterrahmen (Bild 2.2) ausgebildet. Die Profile können offen oder geschlossen sein.

Bild 2.3 zeigt einen Omnibusaufbau. Das Dach ist, wie beim Lkw-Kasten, eine Blechfeldkonstruktion. Die Seitenwände werden im oberen Teil von Rahmen und im unteren Teil von Fachwerkträgern gebildet. Die Einstiegseite ist dazu noch von Türrahmen unterbrochen. Bei eingeklebten Scheiben bilden die Rahmenbereiche eine ähnliche Struktur wie Blechfelder. Damit erhöht sich die Torsions- und Biegesteifigkeit gegenüber einer Rahmenstruktur. Gleiche Verhältnisse liegen an der Stirn- und Rückwand vor. Der Fahrgestellbereich ist eine reine Fachwerkkonstruktion. Sowohl für das Fachwerk als auch für die Rahmen werden Vierkant-Hohlprofile verwendet.

Bild 2.4 zeigt eine Pkw-Karosserie. Der Grundaufbau ist eine Rahmenstruktur, die durch Bleche ausgesteift ist. Die Balken sind geschlossene Hohlprofile. Sie haben zusätzlich die Aufgabe, bei einem Crash möglichst viel Verformungsenergie aufzunehmen. Geklebte Scheiben erhöhen die Torsionssteifigkeit.

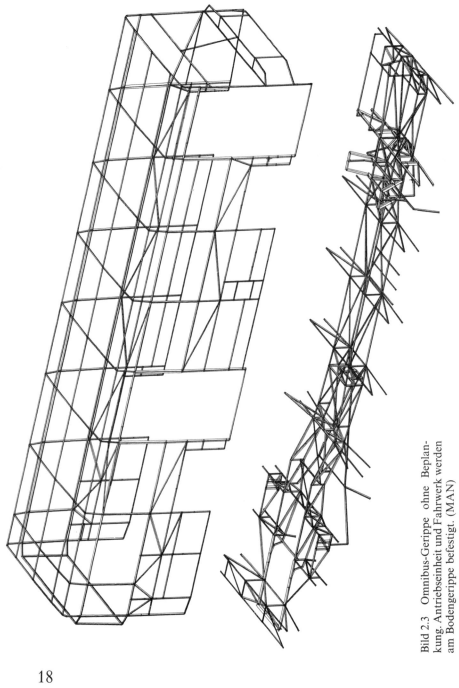

Bild 2.3 Omnibus-Gerippe ohne Beplankung. Antriebseinheit und Fahrwerk werden am Bodengerippe befestigt. (MAN)

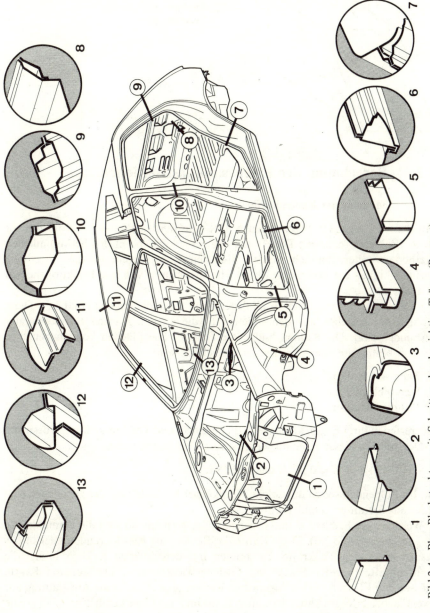

Bild 2.4 Pkw-Blechstruktur mit Schnitten durch wichtige Träger (Peugeot)

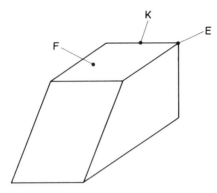

Bild 2.5 Hohlkörper mit ebenen Begrenzungsflächen (F)

6 Flächen (F)
8 Ecken (E)
12 Kanten (K)

2.2 Berechnung der Leichtbaukonstruktionen

2.2.1 Methode der Kantenkräfte

Mit der im Folgenden beschriebenen Methode werden räumliche Probleme auf ebene Probleme reduziert. Die ebenen Probleme können mit den herkömmlichen Methoden weiterbehandelt werden. Für den Konstrukteur ist diese Methode darüber hinaus ein geeignetes Mittel, die Strukturen von der Funktion her zu betrachten.

Fahrzeugkarosserien sind Hohlkörper ohne Raumdiagonalen (Bild 2.5). Diese Hohlkörper bestehen aus den Flächen F, die an den Kanten K miteinander verbunden sind. Die Kanten bilden die Ecke E. Die Flächen können beliebige statisch bestimmte oder überbestimmte Gebilde sein:

☐ Fachwerkstruktur
☐ Schubfeldstruktur
☐ Rahmenstruktur

Sie dürfen in ihrer Ebene keine wesentliche Biege- und Torsionssteifigkeit besitzen.
Der Aufbau dieser Hohlkörper ist statisch bestimmt, wenn

$$E + F - K = 2 \quad \text{(Eulerscher Satz)} \tag{2.1}$$

ist. Im Folgenden sollen nur solche Hohlkörper behandelt werden, bei denen eine Ecke aus 3 Kanten gebildet wird.

Werden zwei Flächen m und n voneinander getrennt, so sind die Kantenkräfte K_{mn} freigelegt (Bild 2.6). Diese Kantenkräfte sind die Resultierenden aller in der Kante wirkenden Teilkräfte. Zusammen mit den äußeren Kräften bilden die Kantenkräfte in jeder Fläche ein Gleichgewichtssystem. Die äußeren Kräfte müssen den Flächen vorher zugeordnet werden, wobei auch eine Aufspaltung auf zwei Flächen erfolgen kann. So kann z. B. die im Punkt 5 wirkende Kraft F in je eine in der Fläche 5-6-7-8 und eine in der Fläche 5-7-2-3 liegende Teilkraft aufgeteilt werden.

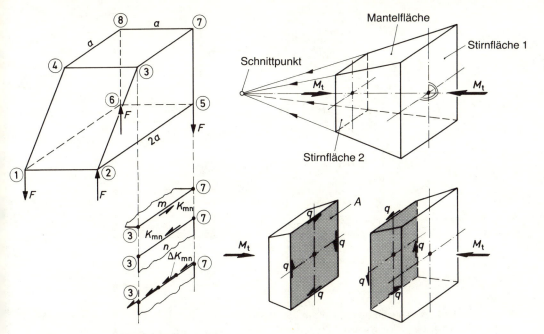

Bild 2.6 Durch Schneiden werden die Kantenkräfte K_{mn} freigemacht

Bild 2.7 Für die Anwendung der Bredtschen Formel erforderliche Bedingungen

Sind die Kantenkräfte ermittelt, so können jetzt die einzelnen ebenen Strukturen berechnet werden. Dafür ist eine Verteilung der Kantenkräfte in den Kanten vorzunehmen. Bei statisch bestimmten Strukturen kann die Aufteilung beliebig erfolgen. Bei statisch überbestimmten Strukturen müssen dagegen Verformungsbedingungen berücksichtigt werden. Auch bei der Kantenkraft 0 können in der Kante Teilkräfte auftreten, die sich in der Summe aufheben. In vielen Fällen genügen in erster Näherung gleichmäßige Aufteilungen.

Eine gut geeignete Methode zur Ermittlung der Kantenkräfte unter Torsionsbelastung ist die Bredtsche Formel (Bild 2.7). Sie ist nur anwendbar, wenn

☐ sich die Mantellinien in einem Punkt schneiden (also auch parallel sind),
☐ die Stirnflächen senkrecht auf einer durch den Schnittpunkt gehenden Geraden stehen.

Der Schubfluß im Mantel ist dann in jedem beliebigen Schnitt

$$q_M = \frac{M_t}{2 \cdot A} \qquad (2.2)$$

und die Kraft in einer Kante (Bild 2.8)

$$K_{mn} = q_M \cdot l_{mn} \qquad (2.3)$$

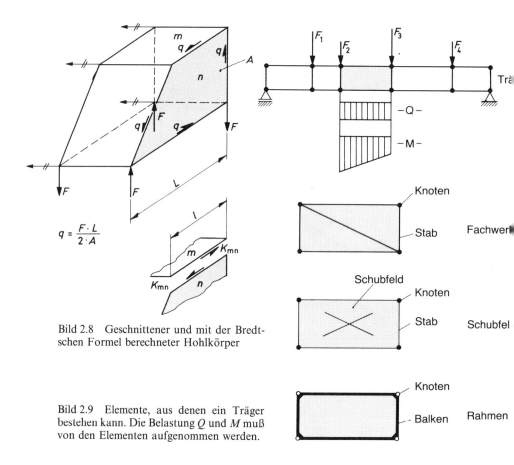

$$q = \frac{F \cdot L}{2 \cdot A}$$

Bild 2.8 Geschnittener und mit der Bredtschen Formel berechneter Hohlkörper

Bild 2.9 Elemente, aus denen ein Träger bestehen kann. Die Belastung Q und M muß von den Elementen aufgenommen werden.

Bei dieser Methode müssen die äußeren Kräfte den Stirnflächen zugeordnet werden.

2.2.2 Vergleich verschiedener Leichtbauelemente

Für den Leichtbau stehen im wesentlichen folgende Strukturen zur Verfügung (Bild 2.9):

☐ Fachwerkkonstruktionen
☐ Schubfeldkonstruktionen
☐ Rahmenkonstruktionen

Elemente dieser Strukturen sind:

☐ Stäbe
☐ Schubfelder
☐ Balken

Bei Fachwerken ist die Beanspruchung der Stäbe im Idealfall eine reine Zug-Druck-Belastung. Durch die Knotensteifigkeiten treten aber noch zusätzliche Biegemomente auf, die besonders bei kurzen Stäben von Einfluß sind. Bei Druckbelastung besteht die Gefahr des Knickens bzw. des örtlichen Druckbeulens. Daher müssen diese Stäbe ein großes Biegeträgheitsmoment um alle möglichen Achsen besitzen. Diese Forderung wird bei dünnwandigen geschlossenen oder offenen Profilen erfüllt (Bild 2.10). Bei Gefahr des Beulens sind wegen der besseren Randabstützungen der einzelnen Felder geschlossene Profile am vorteilhaftesten.

Bild 2.10
Vergleich der Biegeträgheitsmomente und der Torsionsträgheitsmomente von offenen und geschlossenen Profilen

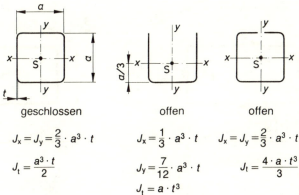

geschlossen

$J_x = J_y = \frac{2}{3} \cdot a^3 \cdot t$

$J_t = \frac{a^3 \cdot t}{2}$

offen

$J_x = \frac{1}{3} \cdot a^3 \cdot t$

$J_y = \frac{7}{12} \cdot a^3 \cdot t$

$J_t = a \cdot t^3$

offen

$J_x = J_y = \frac{2}{3} \cdot a^3 \cdot t$

$J_t = \frac{4 \cdot a \cdot t^3}{3}$

Schubfelder nehmen im Idealfall nur Schubbelastungen auf. Durch die Verbindung mit den Randstäben kommen aber noch Normalspannungen hinzu (Bild 2.11). Schubfeldkonstruktionen können aus Fachwerkkonstruktionen abgeleitet werden, wenn man die Diagonalstäbe eines Fachwerks durch Bleche ersetzt (Bild 2.12). Schubfelder sind daher immer Viereckfelder. Rechteckfelder werden in Konstruktionen am häufigsten benutzt. Durch die Schubbelastung besteht die Gefahr des Schubbeulens. Gekrümmte Flächen haben dabei eine größere kritische Beulspannung als ebene Flächen. Die Randstäbe werden auf Zug–Druck belastet. Die Stabkräfte sind aber jetzt wegen der vorhandenen Randschubspannungen nicht mehr konstant. Im allgemeinen ist der Stabkraftverlauf über der Stablänge trapezförmig. Bei auf Druck beanspruchten Randstäben kann sowohl Knicken

Bild 2.11
Verlauf der Biegespannung und Schubspannung in einem Doppel-T-Träger. Ein Schubfeldträger hat die gleichen Beanspruchungen aufzunehmen.

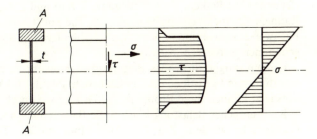

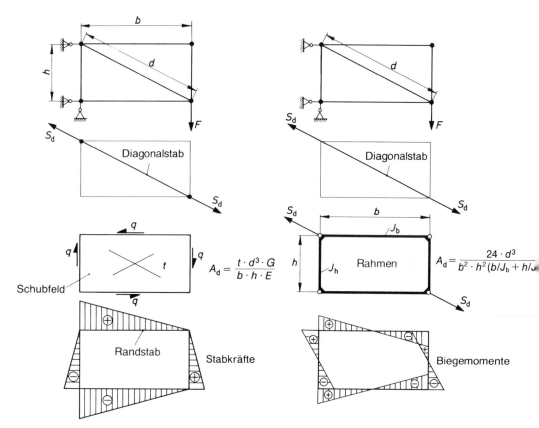

Bild 2.12 Vergleich von Diagonalstab und Schubfeld. A_d = Querschnitt eines Ersatzdiagonalstabs.

Bild 2.13 Vergleich von Diagonalstab und Rahmen. A_d = Querschnitt eines Ersatzdiagonalstabs.

als auch Beulen auftreten. Hier gelten die gleichen Überlegungen wie bei Fachwerkstäben.

Rahmenkonstruktionen sollten im Leichtbau vermieden werden, da sie zum Erreichen einer bestimmten Steifigkeit relativ viel Material benötigen. Rahmenelemente sind Balken, die auf Biegung, Schub und auf Zug–Druck belastet sind. Rahmen übernehmen die Schubkräfte, die sonst von den Diagonalstäben der Fachwerkkonstruktionen bzw. den Schubfeldern der Schubfeldkonstruktion aufgenommen werden (Bild 2.13).

Um ein möglichst großes Biegeträgheitsmoment zu bekommen, müssen auch hier dünnwandige offene oder geschlossene Profile (Bild 2.10) verwendet werden. Versagen können diese Profile in der Druckzone durch Druckbeulen.

Bei räumlicher Belastung können die Balken auch noch zusätzlich auf Torsion beansprucht werden. Zur Erzielung eines großen Torsionsträgheitsmoments

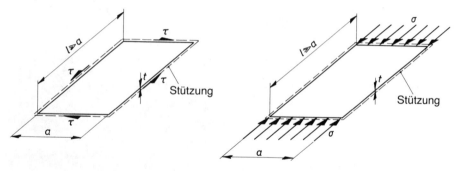

Bild 2.14a   An den Rändern abgestütztes, auf Schub belastetes langes Blechfeld

Bild 2.14b   An den Rändern abgestütztes, auf Druck belastetes langes Blechfeld

kommen nur dünnwandige geschlossene Profile in Frage. Offene Profile haben im Vergleich dazu ein sehr kleines Torsionsträgheitsmoment (Bild 2.10). Versagen tritt bei den geschlossenen Profilen durch Schubbeulen auf.

2.2.3   Versagen von Leichtbaukonstruktionen

Versagen der Blechfelder

Die Blechfelder können sowohl auf Schub als auch auf Druck belastet sein. Dabei kann Schub- und Druckbeulen entstehen. Für die kritische Beulspannung bei Schub gilt (Bild 2.14a)

$$\tau_{krit} = 5{,}34 \cdot E \cdot \left(\frac{t}{a}\right)^2 \qquad l \gg a \qquad (2.4)$$

Sie wird durch die Feldgröße maßgeblich beeinflußt. Zum Beispiel erhöht sich bei Halbierung der Feldbreite die kritische Beulspannung um den Faktor 4. Bei Druck ergibt sich die kritische Beulspannung zu (Bild 2.14b)

$$\sigma_{krit} = 3{,}6 \cdot E \cdot \left(\frac{t}{a}\right)^2 \qquad l \gg a \qquad (2.5)$$

Versagen der Stäbe bei Fachwerk- und Blechfeldkonstruktionen

Für die kritische Druckspannung (Knickspannung) eines auf Druck belasteten Stabes gilt im elastischen Bereich nach Euler (Bild 2.15)

$$\sigma_{krit} = \frac{E \cdot J_{min} \cdot \pi^2}{l^2 \cdot A} = \frac{S_{krit}}{A} \qquad (2.6)$$

Zu beachten ist, daß für das Profil das kleinste Trägheitsmoment J_{min} maßgebend ist. Daher müssen nach Möglichkeit Profile verwendet werden, bei denen J_{max}/J_{min} ungefähr 1 ist.

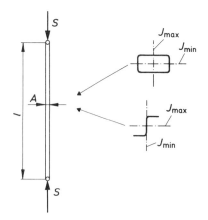 

Bild 2.15 An beiden Enden gelenkig gelagerter Knickstab. Für die Knickung ist das kleinste Trägheitsmoment (J_{min}) maßgebend.

Bild 2.16 Auf Biegung belasteter Knoten, der aus zwei Hohlträgern gebildet ist

Bei Blechfeldkonstruktionen sind die Stäbe durch die Bleche seitlich gestützt. Diese Stützung entfällt aber, wenn die Blechfelder versagen. Daher sollte auch hier mit dem gleichen Fall, wie oben angenommen, gerechnet werden.

Örtliches Versagen der Träger
Bild 2.16 zeigt einen Knoten, der durch Blechträger gebildet ist. Versagen trat hier durch örtliches Beulen auf. Durch das Versagen entstand ein neuer Kraftverlauf, der zum Einreißen an einer Stelle führte. Bei Blechkonstruktionen ist hierauf besonders zu achten. Abhilfe kann u.a. durch Versteifungsbleche erzielt werden, wodurch die kritische Beulspannung erhöht wird. Einreißstellen sind meistens Stellen mit großen Spannungskonzentrationen. Solche Stellen sollten «weicher» gemacht werden.

2.2.4 Statisch bestimmte und statisch überbestimmte Konstruktionen

Statisch überbestimmte Konstruktionen sind statisch bestimmten vorzuziehen, obwohl statisch bestimmte Konstruktionen rechnerisch leichter zu bearbeiten sind. Der Vorteil solcher Konstruktionen liegt aber im Versagen begründet. Während eine statisch bestimmt aufgebaute Struktur beim Versagen an irgend einer Stelle zum Versagen der Gesamtstruktur führt (man denke sich z.B. bei einem statisch bestimmt aufgebauten Fachwerk, das Bestandteil des Trägers nach Bild 2.9 ist, einen Stab entfernt), sind statisch überbestimmte Strukturen in der Lage, neue Gleichgewichtszustände zu erzeugen. Hierbei können aber auch wieder große Beanspruchungen auftreten, die zum weiteren Versagen führen. Eine Struktur müßte daher unter anderem für diese Fälle des Versagens gerechnet werden.

2.2.5 Berechnung von Stabwerken mit der FE-Methode

Als Stabwerke bezeichnet man Gebilde, die als Elemente Stäbe oder Balken enthalten. Bild 2.17 zeigt dazu einige Beispiele. Die Stabelemente können

- ☐ Zug- (Druck-) Stäbe
- ☐ Biegebalken
- ☐ Torsionsbalken

sein. Im allgemeinen kann ein Stab mit allen drei Belastungen beansprucht werden. Es treten jedoch auch häufig Sonderfälle auf (z.B. Fachwerk).

Viele Strukturen enthalten Blechflächen. Diese Blechflächen können näherungsweise durch Fachwerkstäbe ersetzt werden (Ersatzstabmethode). Für ein rechteckiges Blechfeld mit der Dicke t kann ein «Ersatzfachwerk» wie folgt angegeben werden (Bild 2.18):

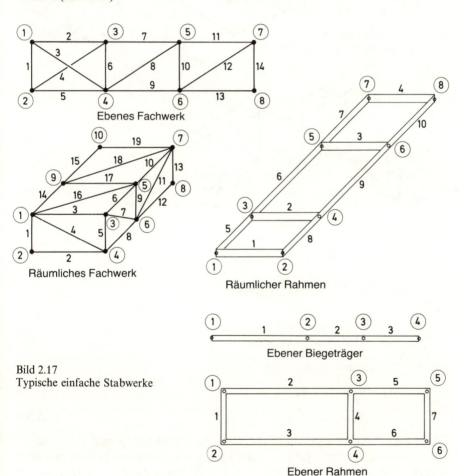

Bild 2.17
Typische einfache Stabwerke

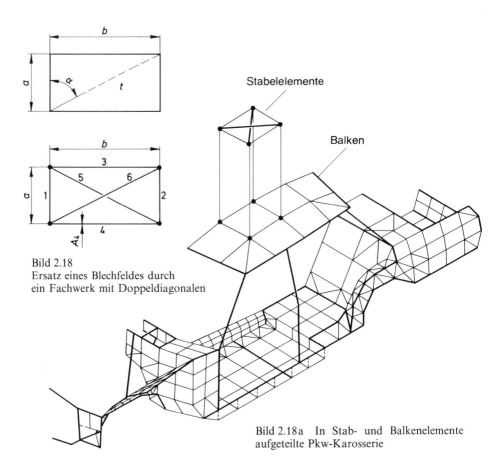

Bild 2.18
Ersatz eines Blechfeldes durch
ein Fachwerk mit Doppeldiagonalen

Bild 2.18a In Stab- und Balkenelemente
aufgeteilte Pkw-Karosserie

$$A_1 = A_2 = \frac{3 \cdot a \cdot t}{16} (3 \cdot \tan\alpha - \cot\alpha) \tag{2.7}$$

$$A_3 = A_4 = \frac{3 \cdot a \cdot t}{16} (3 - \tan^2\alpha) \tag{2.8}$$

$$A_5 = A_6 = \frac{3 \cdot a \cdot t}{16} \cdot \frac{1}{\sin\alpha \cdot \cos^2\alpha} \tag{2.9}$$

Für ein Quadrat erhält man dann

$$A_1 = A_2 = A_3 = A_4 = \tfrac{3}{8} \cdot a \cdot t \tag{2.7a}$$

$$A_5 = A_6 = \sqrt{2} \cdot \tfrac{3}{8} \cdot a \cdot t \tag{2.9a}$$

Obige Beziehungen sind dann genau, wenn die Querdehnungszahl $v = 1/3$ ist.

Mit Hilfe obiger Vereinfachung kann eine Pkw-Karosserie in Balken- und Stabelemente aufgeteilt werden (Bild 2.18a). Die Balken repräsentieren die einzelnen

Träger (z. B. A-Säule, Schweller). Die Blechfelder werden in Stabelemente umgewandelt. Beim Zusammenfügen der jetzt entstandenen Teilfachwerke addieren sich die Querschnitte der benachbarten Randstäbe. Nachfolgend wird die Berechnung dieser Stab-Balken-Systeme erklärt.

Beschreibung der Methode bei einem ebenen Fachwerk
Wird ein Fachwerk belastet (Bild 2.19), so verschieben sich die Knoten und damit die Stabendpunkte. Nur an den Lagerstellen sind die Verschiebungen gleich null. Aus den Verschiebungen der Stabendpunkte ergibt sich die Längenänderung des Stabes und mit Hilfe des Hookeschen Gesetzes die Stabkraft. Für einen in einer Ebene liegenden Stab kann die folgende Beziehung angegeben werden (Bild 2.20).

$$S_{1x} = \frac{E \cdot A}{L} (v_{1x} \cdot \cos^2 X + v_{1y} \cdot \cos X \cdot \sin X$$
$$- v_{2x} \cdot \cos^2 X - v_{2y} \cdot \cos X \cdot \sin X)$$

$$S_{1y} = \frac{E \cdot A}{L} (v_{1x} \cdot \cos X \cdot \sin X + v_{1y} \cdot \sin^2 X$$
$$- v_{2x} \cdot \cos X \cdot \sin X - v_{2y} \cdot \sin^2 X)$$

$$S_{2x} = \frac{E \cdot A}{L} (-v_{1x} \cdot \cos^2 X - v_{1y} \cdot \cos X \cdot \sin X$$
$$+ v_{2x} \cdot \cos^2 X + v_{2y} \cdot \cos X \cdot \sin X)$$

$$S_{2y} = \frac{E \cdot A}{L} (-v_{1x} \cdot \cos X \cdot \sin X - v_{1y} \cdot \sin^2 X$$
$$+ v_{2x} \cdot \cos X \cdot \sin X + v_{2y} \cdot sin^2 X)$$

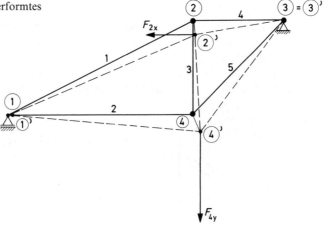

Bild 2.19 Unter Belastung verformtes Fachwerk

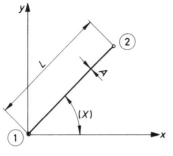

Bild 2.20 Knotenverschiebungen ($\bar{v}$) und Knotenkräfte ($\bar{S}$) bei einem ebenen Fachwerkstab

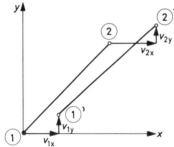
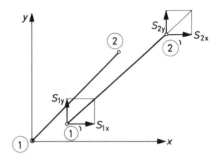

Diese Gleichungen lassen sich in der Matrizenschreibweise wie folgt formulieren:

$$\begin{Bmatrix} S_{1x} \\ S_{1y} \\ S_{2x} \\ S_{2y} \end{Bmatrix} = \frac{E \cdot A}{L} \begin{bmatrix} C^2 & C \cdot S & -C^2 & -C \cdot S \\ S \cdot C & S^2 & -S \cdot C & -S^2 \\ -C^2 & -C \cdot S & C^2 & C \cdot S \\ -S \cdot C & -S^2 & S \cdot C & S^2 \end{bmatrix} \cdot \begin{Bmatrix} v_{1x} \\ v_{1y} \\ v_{2x} \\ v_{2y} \end{Bmatrix}$$

$$C \equiv \cos X \qquad S \equiv \sin X$$

oder abgekürzt:

$$\bar{S}_i \quad = \quad \bar{K}_i \quad \cdot \quad \bar{v}_i \qquad (2.10)$$

$\bar{S}_i$ ist der Kraftvektor des Stabes i. Der Verschiebungsvektor der am Stab i befindlichen Knoten ist $\bar{v}_i$. Die Verknüpfung beider Vektoren geschieht über die Steifigkeitsmatrix $\bar{K}_i$.

Ein Fachwerk ist dann im Gleichgewicht, wenn alle Knoten im Gleichgewicht sind. Die von außen auf ein Fachwerk wirkenden Kräfte können als Vektor angegeben werden:

$$\bar{F} = \begin{Bmatrix} F_{1x} \\ F_{1y} \\ F_{2x} \\ \vdots \end{Bmatrix} \qquad (2.11)$$

Ebenso kann für die Lagerkräfte geschrieben werden:

$$\bar{L} = \begin{Bmatrix} L_{1x} \\ L_{2y} \\ L_{3y} \\ \vdots \\ \vdots \\ \vdots \end{Bmatrix} \qquad (2.12)$$

Die Gleichgewichtsbeziehung für das gesamte Fachwerk lautet dann

$$-\Sigma \bar{S}_i + \bar{F} + \bar{L} = 0 \qquad (2.13)$$

oder

$$\Sigma \bar{S}_i = \bar{F} + \bar{L} \qquad (2.13\mathrm{a})$$

Gleichung (2.10) kann mit dem Gesamtverschiebungsvektor formuliert werden:

$$\bar{S}_i = \bar{\bar{K}}_i \cdot \bar{v} \qquad (2.14)$$

Der Gesamtverschiebungsvektor ist dabei:

$$\bar{V} = \begin{Bmatrix} v_{1x} \\ v_{1y} \\ v_{2x} \\ \vdots \\ \vdots \\ \vdots \end{Bmatrix}$$

Durch Einsetzen von Gl. (2.14) in Gl. (2.13a) folgt:

$$(\Sigma \bar{\bar{K}}_i) \cdot \bar{v} = \bar{F} + \bar{L} \qquad (2.15)$$

Gleichung (2.15) stellt ein Gleichungssystem zur Bestimmung der Knotenverschiebungen $\bar{v}$ dar. Auf der linken Seite steht die Gesamtsteifigkeitsmatrix $(\Sigma \bar{\bar{K}}_i)$, die durch Addition der Einzelsteifigkeitsmatrizen $\bar{\bar{K}}_i$ gebildet sind. Die rechte Seite enthält aber noch die unbekannten Lagerkräfte $\bar{L}$. An diesen Stellen sind die Verschiebungen gleich null. Es sind also so viele Verschiebungen bekannt, wie Lagerkräfte vorhanden sind. Damit können die Gleichungen gestrichen werden, welche auf der rechten Seite Lagerkräfte enthalten. Das jetzt reduzierte Gleichungssystem lautet:

$$(\Sigma \bar{\bar{K}}_i)_{\text{red}} \cdot \bar{v} = \bar{F} \qquad (2.16)$$

Aus Gleichung (2.16) lassen sich die unbekannten Verschiebungen endgültig bestimmen.

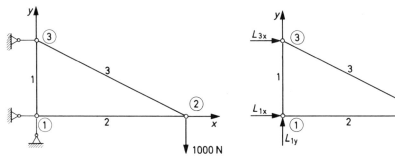

Bild 2.21 Mit einer Kraft belastetes einfaches Fachwerk

$F_{2y} = -1000$ N

Bild 2.21 zeigt ein einfaches Fachwerk mit 3 Knotenpunkten. Jeder Knoten hat zwei Verschiebungsmöglichkeiten (x- und y-Richtung). Also sind zunächst $3 \cdot 2 = 6$ Verschiebungen möglich. Für jeden Stab werden die Steifigkeitsmatrizen $\bar{\bar{K}}_i$ bestimmt und zur Gesamtsteifigkeitsmatrix $\Sigma \bar{\bar{K}}_i$ zusammengefaßt:

$$\begin{bmatrix} S_{1x} \\ S_{1y} \\ 0 \\ 0 \\ S_{3x} \\ S_{3y} \end{bmatrix}_1 = \begin{bmatrix} a_{11} & a_{12} & 0 & 0 & a_{15} & a_{16} \\ a_{21} & a_{22} & 0 & 0 & a_{25} & a_{26} \\ 0 & 0 & 0 & 0 & 0 & 0 \\ 0 & 0 & 0 & 0 & 0 & 0 \\ a_{51} & a_{52} & 0 & 0 & a_{55} & a_{56} \\ a_{61} & a_{62} & 0 & 0 & a_{65} & a_{66} \end{bmatrix}_1 \cdot \begin{bmatrix} v_{1x} \\ v_{1y} \\ v_{2x} \\ v_{2y} \\ v_{3x} \\ v_{3y} \end{bmatrix}$$

$\bar{S}_1 \quad = \quad \bar{\bar{K}}_1 \quad \cdot \quad \bar{v}$

$$\begin{bmatrix} S_{1x} \\ S_{1y} \\ S_{2x} \\ S_{2y} \\ 0 \\ 0 \end{bmatrix}_2 = \begin{bmatrix} a_{11} & a_{12} & a_{13} & a_{14} & 0 & 0 \\ a_{21} & a_{22} & a_{23} & a_{24} & 0 & 0 \\ a_{31} & a_{32} & a_{33} & a_{34} & 0 & 0 \\ a_{41} & a_{42} & a_{43} & a_{44} & 0 & 0 \\ 0 & 0 & 0 & 0 & 0 & 0 \\ 0 & 0 & 0 & 0 & 0 & 0 \end{bmatrix}_2 \cdot \begin{bmatrix} v_{1x} \\ v_{1y} \\ v_{2x} \\ v_{2y} \\ v_{3x} \\ v_{3y} \end{bmatrix}$$

$a_{11} = E \cdot A_2/L_2 \cdot \cos^2 X_2$

$\bar{S}_2 \quad = \quad \bar{\bar{K}}_2 \quad \cdot \quad \bar{v}$

$$\begin{bmatrix} 0 \\ 0 \\ S_{2x} \\ S_{2y} \\ S_{3x} \\ S_{3y} \end{bmatrix}_3 = \begin{bmatrix} 0 & 0 & 0 & 0 & 0 & 0 \\ 0 & 0 & 0 & 0 & 0 & 0 \\ a_{31} & a_{32} & a_{33} & a_{34} & 0 & 0 \\ a_{41} & a_{42} & a_{43} & a_{44} & 0 & 0 \\ a_{51} & a_{52} & a_{53} & a_{54} & 0 & 0 \\ a_{61} & a_{62} & a_{63} & a_{64} & 0 & 0 \end{bmatrix}_3 \cdot \begin{bmatrix} v_{1x} \\ v_{1y} \\ v_{2x} \\ v_{2y} \\ v_{3x} \\ v_{3y} \end{bmatrix}$$

$\bar{S}_3 \quad = \quad \bar{\bar{K}}_3 \quad \cdot \quad \bar{v}$

$$\begin{bmatrix} A_{11} & A_{12} & A_{13} & A_{14} & A_{15} & A_{16} \\ A_{21} & A_{22} & A_{23} & A_{24} & A_{25} & A_{26} \\ A_{31} & A_{32} & A_{33} & A_{34} & A_{35} & A_{36} \\ A_{41} & A_{42} & A_{43} & A_{44} & A_{45} & A_{46} \\ A_{51} & A_{52} & A_{53} & A_{54} & A_{55} & A_{56} \\ A_{61} & A_{62} & A_{63} & A_{64} & A_{65} & A_{66} \end{bmatrix} \cdot \begin{bmatrix} 0 \\ 0 \\ v_{2x} \\ v_{2y} \\ 0 \\ v_{3y} \end{bmatrix} = \begin{bmatrix} 0 \\ 0 \\ 0 \\ F_{1y} \\ 0 \\ 0 \end{bmatrix} + \begin{bmatrix} L_{1x} \\ L_{1y} \\ 0 \\ 0 \\ L_{3x} \\ 0 \end{bmatrix}$$

$$A_{11} = a_{11}^2 + a_{11}^1$$

$$(\Sigma \bar{\bar{K}}_i) \cdot \bar{v} = \bar{F} + \bar{L}$$

Für ein Element der Gesamtsteifigkeitsmatrix kann geschrieben werden:

$$A_{mn} = \Sigma a_{mn} \qquad (7)$$

Durch Zeilen- und Spaltentausch ergibt sich, wenn die Elemente der Matrix, welche bei den Verschiebungen null stehen, fortgelassen werden:

$$\overbrace{\begin{bmatrix} A_{33} & A_{34} & A_{36} \\ A_{43} & A_{44} & A_{46} \\ A_{63} & A_{64} & A_{66} \\ \hline A_{13} & A_{14} & A_{16} \\ A_{23} & A_{24} & A_{26} \\ A_{53} & A_{54} & A_{56} \end{bmatrix}}^{(\Sigma\bar{\bar{K}})_{red}} \cdot \begin{bmatrix} v_{2x} \\ v_{2y} \\ v_{3y} \\ \hline 0 \\ 0 \\ 0 \end{bmatrix} = \begin{bmatrix} 0 \\ 0 \\ F_{2y} \\ \hline L_{1x} \\ L_{1y} \\ L_{3x} \end{bmatrix}$$

$$(\Sigma \bar{\bar{K}})_{\text{Lager}}$$

Der obere Teil enthält nur noch die unbekannten Verschiebungen:

$$\bar{v}_{red} = \begin{bmatrix} v_{2x} \\ v_{2y} \\ v_{3y} \end{bmatrix}$$

Diese Verschiebungen lassen sich aus dem oberen Gleichungssystem bestimmen. Mit den bekannten Verschiebungen können dann die Lagerkräfte aus dem unteren Gleichungssystem bestimmt werden.

Die Stabkräfte $\bar{S}_i$ folgen aus der Beziehung:

$$\bar{S}_i = \bar{\bar{K}}_i \cdot \bar{v}$$

Für den Stab 1 also:

$$\begin{bmatrix} S_{1x} \\ S_{1y} \\ S_{3x} \\ S_{3y} \end{bmatrix} = \begin{bmatrix} a_{11} & a_{12} & a_{15} & a_{16} \\ a_{21} & a_{22} & a_{25} & a_{26} \\ a_{51} & a_{52} & a_{55} & a_{56} \\ a_{61} & a_{62} & a_{65} & a_{66} \end{bmatrix}_1 \cdot \begin{bmatrix} 0 \\ 0 \\ 0 \\ V_{3y} \end{bmatrix}$$

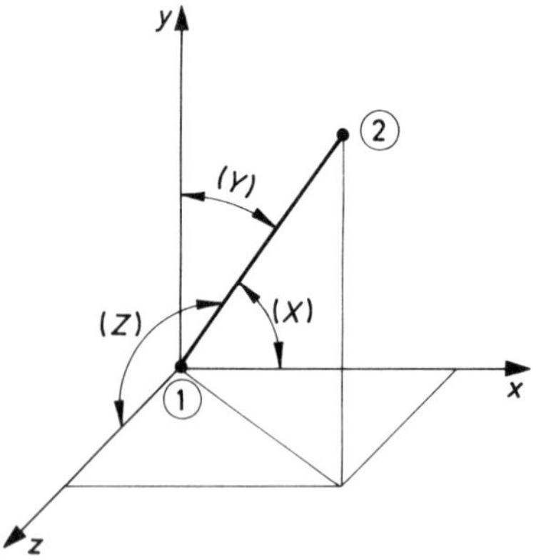

Bild 2.22 Räumliche Lage eines Fachwerkstabs

FE-Methode für ein räumliches Fachwerk

Jeder Knoten hat jetzt 3 Freiheitsgrade (v_x, v_y, v_z). Die Elementsteifigkeitsbeziehung lautet (Bild 2.22):

$$\begin{Bmatrix} S_{1x} \\ S_{1y} \\ S_{1z} \\ S_{2x} \\ S_{2y} \\ S_{2z} \end{Bmatrix} = \frac{E \cdot A}{L} \cdot \begin{bmatrix} CX^2 & CX \cdot CY & CX \cdot CZ & -CX^2 & -CX \cdot CY & -CX \cdot CZ \\ CX \cdot CY & CY^2 & CY \cdot CZ & -CX \cdot CY & -CY^2 & -CY \cdot CZ \\ CX \cdot CZ & CY \cdot CZ & CZ^2 & -CX \cdot CZ & -CY \cdot CZ & -CZ^2 \\ -CX^2 & -CX \cdot CY & -CX \cdot CZ & CX^2 & CX \cdot CY & CX \cdot CZ \\ -CX \cdot CY & -CY^2 & -CY \cdot CZ & CX \cdot CY & CY^2 & CY \cdot CZ \\ -CX \cdot CZ & -CY \cdot CZ & -CZ^2 & CX \cdot CZ & CY \cdot CZ & CZ^2 \end{bmatrix} \cdot \begin{Bmatrix} v_{1x} \\ v_{1y} \\ v_{1z} \\ v_{2x} \\ v_{2y} \\ v_{2z} \end{Bmatrix}$$

$CX \equiv \cos X$
$CY \equiv \cos Y$
$CZ \equiv \cos Z$

Die Rechnung wird entsprechend Fall a) durchgeführt.

FE-Methode für ein ebenes Balkensystem

Jeder Knoten hat die Freiheitsgrade v_x, v_y, und φ. Hier kommt also zu den Verschiebungen v_x, v_y noch die Verdrehung φ hinzu. Die Elementsteifigkeitsbeziehung lautet (Bild 2.23):

$$\begin{Bmatrix} S_{1x} \\ S_{1y} \\ M_1 \\ S_{2x} \\ S_{2y} \\ M_2 \end{Bmatrix} = \left\{ \frac{E \cdot A}{L} \cdot \begin{bmatrix} C^2 & C \cdot S & 0 & -C^2 & -C \cdot S & 0 \\ C \cdot S & S^2 & 0 & -C \cdot S & -S^2 & 0 \\ 0 & 0 & 0 & 0 & 0 & 0 \\ -C^2 & -C \cdot S & 0 & C^2 & C \cdot S & 0 \\ -C \cdot S & -S^2 & 0 & C \cdot S & S^2 & 0 \\ 0 & 0 & 0 & 0 & 0 & 0 \end{bmatrix} + E \cdot J \cdot \right.$$

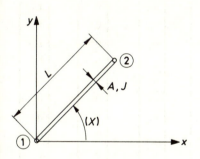
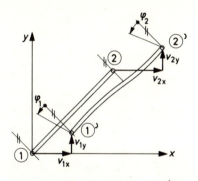
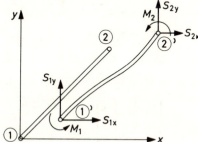

Bild 2.23 Knotenverschiebungen (v) bzw. Knotenverdrehungen (φ) und Stabkräfte (S) bzw. Biegemomente (M) bei einem ebenen Balken

Als Beispiel soll das Balkensystem nach Bild 2.24 gewählt werden. Das System besteht aus 2 Balken. Die Anzahl der Knoten ist 3 und somit die Gesamtsteifigkeitsbeziehung:

Bild 2.24
Mit einer Kraft belastete einfache Balkenstruktur

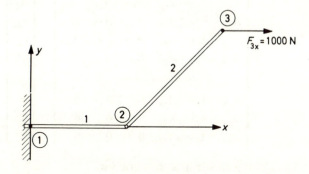

$$\left[\begin{array}{cccccc} 12/L^3 \cdot S^2 & -12/L^3 \cdot S \cdot C & -6/L^2 \cdot S & -12/L^3 \cdot S^2 & 12/L^3 \cdot S \cdot C & -6/L^2 \cdot S \\ -12/L^3 \cdot S \cdot C & 12/L^3 \cdot C^2 & 6/L^2 \cdot C & 12/L^3 \cdot S \cdot C & -12/L^3 \cdot C^2 & 6/L^2 \cdot C \\ -6/L^2 \cdot S & 6/L^2 \cdot C & 4/L & 6/L^2 \cdot S & -6/L^2 \cdot C & 2/L \\ -12/L^3 \cdot S^2 & 12/L^3 \cdot S \cdot C & 6/L^2 \cdot S & 12/L^3 \cdot S^2 & -12/L^3 \cdot S \cdot C & 6/L^2 \cdot S \\ 12/L^3 \cdot S \cdot C & -12/L^3 \cdot C2 & -6/L^2 \cdot C & -12/L^3 \cdot S \cdot C & 12/L^3 \cdot C^2 & -6/L^2 \cdot C \\ -6/L^2 \cdot S & 6/L^2 \cdot C & 2/L & 6/L^2 \cdot S & -6/L^2 \cdot C & -2/L \end{array}\right] \cdot \left\{\begin{array}{c} v_{1x} \\ v_{1y} \\ \varphi_1 \\ v_{2x} \\ v_{2y} \\ \varphi_2 \end{array}\right\}$$

$S = \sin X, \quad C = \cos X$

$$\begin{bmatrix} A_{11} & A_{12} & A_{13} & A_{14} & A_{15} & A_{16} & 0 & 0 & 0 \\ A_{21} & A_{22} & A_{23} & A_{24} & A_{25} & A_{26} & 0 & 0 & 0 \\ A_{31} & A_{32} & A_{33} & A_{34} & A_{35} & A_{36} & 0 & 0 & 0 \\ A_{41} & A_{42} & A_{43} & A_{44} & A_{45} & A_{46} & A_{47} & A_{48} & A_{49} \\ A_{51} & A_{52} & A_{53} & A_{54} & A_{55} & A_{56} & A_{57} & A_{58} & A_{59} \\ A_{61} & A_{62} & A_{63} & A_{64} & A_{65} & A_{66} & A_{67} & A_{68} & A_{69} \\ 0 & 0 & 0 & A_{74} & A_{75} & A_{76} & A_{77} & A_{78} & A_{79} \\ 0 & 0 & 0 & A_{84} & A_{85} & A_{86} & A_{87} & A_{88} & A_{89} \\ 0 & 0 & 0 & A_{94} & A_{95} & A_{96} & A_{97} & A_{98} & A_{99} \end{bmatrix} \cdot \begin{bmatrix} v_{1x} \\ v_{1y} \\ \varphi_1 \\ v_{2x} \\ v_{2y} \\ \varphi_2 \\ v_{3x} \\ v_{3y} \\ \varphi_3 \end{bmatrix} = \begin{bmatrix} 0 \\ 0 \\ 0 \\ 0 \\ 0 \\ 0 \\ F_{3x} \\ 0 \\ 0 \end{bmatrix} + \begin{bmatrix} L_{1x} \\ L_{1y} \\ L_1 \\ 0 \\ 0 \\ 0 \\ 0 \\ 0 \\ 0 \end{bmatrix}$$

$$A_{11} = a_{11}^1$$
$$A_{65} = a_{65}^1 + a_{65}^2$$
$$\bar{\bar{K}} \cdot \bar{v} = \bar{F} + \bar{L}$$

Durch die feste Einspannung in Knoten 1 sind die 3 Fesseln:

$$\begin{bmatrix} v_{1x} \\ v_{1y} \\ \varphi_1 \end{bmatrix} = \begin{bmatrix} 0 \\ 0 \\ 0 \end{bmatrix}$$

gegeben. Somit erhält man folgendes Schema:

$$\left[\begin{array}{cccccc} A_{44} & A_{45} & A_{46} & A_{47} & A_{48} & A_{49} \\ A_{54} & A_{55} & A_{56} & A_{57} & A_{58} & A_{59} \\ A_{64} & A_{65} & A_{66} & A_{67} & A_{68} & A_{69} \\ A_{74} & A_{75} & A_{76} & A_{77} & A_{78} & A_{79} \\ A_{84} & A_{85} & A_{86} & A_{87} & A_{88} & A_{89} \\ A_{94} & A_{95} & A_{96} & A_{97} & A_{98} & A_{99} \\ \hline A_{14} & A_{15} & A_{16} & 0 & 0 & 0 \\ A_{24} & A_{25} & A_{26} & 0 & 0 & 0 \\ A_{34} & A_{35} & A_{36} & 0 & 0 & 0 \end{array} \right] \cdot \begin{bmatrix} v_{2x} \\ v_{2y} \\ \varphi_2 \\ v_{3x} \\ v_{3y} \\ \varphi_3 \end{bmatrix} = \begin{bmatrix} 0 \\ 0 \\ 0 \\ F_{3x} \\ 0 \\ 0 \\ \hline 0 \\ 0 \\ 0 \end{bmatrix} \begin{bmatrix} \\ \\ \\ \\ \\ \\ \hline L_{1x} \\ L_{1y} \\ L_1 \end{bmatrix}$$

Die Lösung ist wie in a) beschrieben.

Lösung dynamischer Probleme mit der FE-Methode

Der Gang der Lösung dynamischer Probleme mit der FE-Methode soll an einem ebenen Fachwerk erklärt werden (Bild 2.25). Die Massen m sind auf die Knotenpunkte gelegt und punktförmig angenommen. Zu den periodisch wirkenden Kräften $F = F^0 \cdot \sin \omega \cdot t$ kommen jetzt noch die Trägheitskräfte $-m \cdot \ddot{v}$ hinzu. Auch die Lagerkräfte sind jetzt periodisch $L = L^0 \cdot \sin \omega \cdot t$.

Bild 2.25 Mit einer dynamischen Kraft
$F^0 \cdot \sin\omega \cdot t$ belastetes Fachwerk

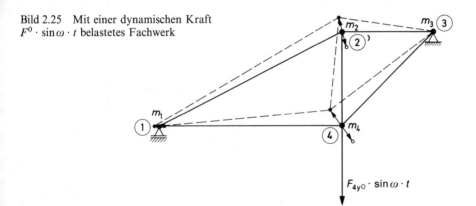

Der Vektor der Trägheitskräfte ist

$$\bar{T} = \begin{bmatrix} m_1 & & & & \\ & m_1 & & & \bar{0} \\ & & m_2 & & \\ & & & \ddots & \\ \bar{0} & & & & \ddots \end{bmatrix} \cdot \begin{Bmatrix} \ddot{v}_{1x} \\ \ddot{v}_{1y} \\ \ddot{v}_{2x} \\ \vdots \\ \vdots \\ \vdots \end{Bmatrix}$$

$$\bar{T} = \qquad\qquad \bar{M} \qquad \cdot \quad \bar{\ddot{v}} \qquad\qquad (2.17)$$

Damit lautet die Gleichgewichtsbeziehung:

$$(-\Sigma \bar{K}_i) \cdot \bar{v} - \bar{M} \cdot \bar{\ddot{v}} + \bar{F} + \bar{L} = 0 \qquad (2.18)$$

Mit dem Ansatz

$$\bar{v} = \bar{v}^0 \cdot \sin\omega \cdot t \qquad (2.19)$$

wird

$$\bar{\ddot{v}} = -\omega^2 \cdot \bar{v}^0 \cdot \sin\omega \cdot t \qquad (2.20)$$

Somit kann geschrieben werden

$$(-\Sigma \bar{K}_i) \cdot \bar{v}^0 \cdot \sin\omega \cdot t + \bar{M} \cdot \omega^2 \cdot \bar{v}^0 \cdot \sin\omega \cdot t$$
$$+ \bar{F}^0 \cdot \sin\omega \cdot t + \bar{L}^0 \cdot \sin\omega \cdot t = 0$$

Und nach Umformung

$$(\Sigma \bar{K}_i) \cdot \bar{v}^0 - \bar{M} \cdot \omega^2 \cdot \bar{v}^0 = \bar{F}^0 + \bar{L}^0$$
$$(\Sigma \bar{K}_i - \bar{M} \cdot \omega^2) \cdot \bar{v}^0 = \bar{F}^0 + \bar{L}^0 \qquad (2.21)$$

oder ausgeschrieben:

$$\begin{bmatrix} A_{11}-m_1\cdot\omega^2 & A_{12} & \cdots \\ A_{21} & \ddots \, A_{22}-m_1\cdot\omega^2 \\ \vdots & & \ddots \\ \vdots & & & \ddots \end{bmatrix} \cdot \begin{bmatrix} v_{1x}^0 \\ v_{1y}^0 \\ v_{2x}^0 \\ \vdots \\ \vdots \end{bmatrix} = \begin{bmatrix} F_{1x}^0 \\ F_{1y}^0 \\ F_{2x}^0 \\ \vdots \\ \vdots \end{bmatrix} + \begin{bmatrix} L_{1x}^0 \\ L_{1y}^0 \\ L_{2x}^0 \\ \vdots \\ \vdots \end{bmatrix}$$

Nach Aufspaltung in $(\Sigma\bar{K}_i)_{\mathrm{red}}$ und $(\Sigma\bar{K}_i)_{\mathrm{Lager}}$ kann obiges Gleichungssystem genauso behandelt werden wie im statischen Fall. Für jede Erregung mit ω erhält man die Stabkräfte und Verschiebungen des Fachwerks. Als Beispiel soll wieder das einfache Fachwerk gewählt werden:

Unter Berücksichtigung der Lagerbedingungen lautet das Gleichungssystem

$$\overbrace{\begin{bmatrix} A_{33}-m_2\cdot\omega^2 & A_{34} & A_{36} \\ A_{43} & A_{44}-m_2\cdot\omega^2 & A_{46} \\ A_{63} & A_{64} & A_{66}-m_3\cdot\omega^2 \\ \hline A_{13} & A_{14} & A_{16} \\ A_{23} & A_{24} & A_{26} \\ A_{53} & A_{54} & A_{56} \end{bmatrix}}^{(\Sigma\bar{K}_i)_{\mathrm{red}}} \cdot \begin{bmatrix} v_{2x}^0 \\ v_{2y}^0 \\ v_{3y}^0 \\ \hline 0 \\ 0 \\ 0 \end{bmatrix} = \begin{bmatrix} 0 \\ F_{2y}^0 \\ 0 \\ \hline L_{1x}^0 \\ L_{1y}^0 \\ L_{3x}^0 \end{bmatrix}$$

$(\Sigma\bar{K}_i)_{\mathrm{Lager}}$

Bild 2.26 zeigt die für verschiedene ω ermittelten Verschiebungen. An den Resonanzstellen sind diese Verschiebungen unendlich. Mit obiger Methode ist damit auch ein Verfahren zur Bestimmung der Eigenfrequenzen gegeben.

Die Zahl der Eigenfrequenzen bestimmt sich aus der Überlegung, daß jede ungebundene Masse 2 Freiheitsgrade hat. Durch Bindung (Lager) reduzieren sich die Freiheitsgrade. Hier sind zunächst 3 Massen, also 6 Freiheitsgrade, vorhanden. Die Lager nehmen 3 Freiheitsgrade, also sind 3 Freiheitsgrade ungebunden, und das System hat 3 Eigenfrequenzen.

Bei Wegerregung ist die Verschiebung am Erregungspunkt vorgegeben. Wird z.B. der Punkt 2 in y-Richtung mit $v_{2y}=v_{2y}^0\cdot\sin\omega\cdot t$ bewegt, dann ist auch die Bewegung der anderen Freiheitsgrade $v=v^0\cdot\sin\omega\cdot t$. Da jetzt nur noch 2 ungebundene Freiheitsgrade vorhanden sind, erhält man für das obere Gleichungssystem

$$\begin{bmatrix} A_{33}-m_2\cdot\omega^2 & A_{36} \\ A_{63} & A_{66}-m_3\cdot\omega^2 \end{bmatrix} \cdot \begin{bmatrix} v_{2x}^0 \\ v_{3y}^0 \end{bmatrix} = \begin{bmatrix} -v_{2y}^0\cdot A_{34} \\ -v_{2y}^0\cdot A_{64} \end{bmatrix}$$

Bild 2.26
Frequenzgang der Verschiebungsamplitude v_{3y}^0

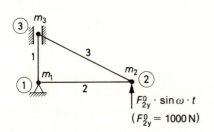
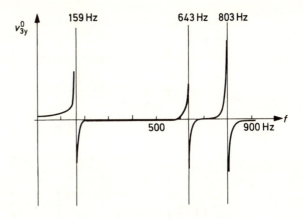

Das System hat 2 Eigenfrequenzen. Die rechte Seite kommt dadurch zustande, daß bei vorgegebener Verschiebung $v_{2y} = v_{2y}^0 \cdot \sin \omega \cdot t$ die Werte der 2. Spalte bekannt sind. Sie können daher auf die rechte Seite gebracht werden. Wegen der jetzt nur noch 2 unbekannten Verschiebungen v_{2x}^0 und v_{3y}^0 entfällt die 2. Gleichung.

Beispiel: Berechnung eines Fachwerks nach Bild 2.27. Das Fachwerk ist an den Knoten 1 bis 7 mit den Massen m_1–m_7 belegt. Die Lagerung erfolgt über die Federn (Stab 12 und Stab 13). Gefesselt ist das System an den Knoten 8 (x- und y-Richtung), 9 (x- und y-Richtung) und 7 (x-Richtung).

Bild 2.27
Mit Massenpunkten belegtes ebenes Fachwerk auf zwei elastischen Stützen

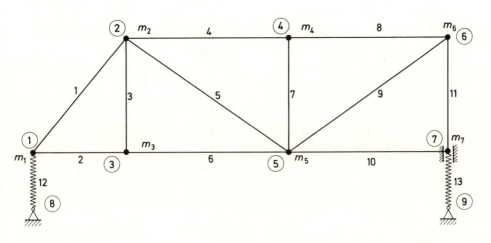

$= \left(\sum K_i\right)$
$= [18 \times 18]$

		1	2	3	4	5	6	7	8	9	10	11	12	13	14	15	16	17	18
		①$_x$	①$_y$	②$_x$	②$_y$	③$_x$	③$_y$	④$_x$	④$_y$	⑤$_x$	⑤$_y$	⑥$_x$	⑥$_y$	⑦$_x$	⑦$_y$	⑧$_x$	⑧$_y$	⑨$_x$	⑨$_y$
1	①$_x$	×	×	×	×	×	×											×	×
2	①$_y$	×	×	×	×	×	×											×	×
3	②$_x$	×	×	×	×	×	×			×	×								
4	②$_y$	×	×	×	×	×	×			×	×								
5	③$_x$	×	×	×	×	×	×	×	×	×	×	×	×						
6	③$_y$	×	×	×	×	×	×	×	×	×	×	×	×						
7	④$_x$			×	×	×	×	×	×	×	×	×	×						
8	④$_y$			×	×	×	×	×	×	×	×	×	×						
9	⑤$_x$			×	×	×	×	×	×	×	×	×	×	×	×				
10	⑤$_y$			×	×	×	×	×	×	×	×	×	×	×	×				
11	⑥$_x$					×	×	×	×	×	×	×	×	×	×				
12	⑥$_y$					×	×	×	×	×	×	×	×	×	×				
13	⑦$_x$									×	×	×	×	×	×	×	×	×	×
14	⑦$_y$									×	×	×	×	×	×	×	×	×	×
15	⑧$_x$	×	×											×	×	×	×	×	×
16	⑧$_y$	×	×											×	×	×	×	×	×
17	⑨$_x$	×	×											×	×	×	×	×	×
18	⑨$_y$	×	×											×	×	×	×	×	×

Aufstellen der Gesamtsteifigkeitsmatrix und der reduzierten Matrix
Das System hat 9 Knoten. Die Gesamtsteifigkeitsmatrix ist also eine 18 × 18-Matrix:
In die Matrix schraffiert eingetragen sind die Elementsteifigkeitsmatrizen $\bar{K}_i$ der Stäbe 1, 5 und 9.
Die reduzierte Matrix ist eine 13 × 13-Matrix:

	1	2	3	4	$\cdots$	11	12	14
1	A_{11}	A_{12}	$\cdots$	$\cdots$	$\cdots$	$A_{1,11}$	$A_{1,12}$	$A_{1,14}$
2	A_{21}	A_{22}	$\cdots$	$\cdots$	$\cdots$	$A_{2,11}$	$A_{2,12}$	$A_{2,14}$
3	$\vdots$	$\vdots$	A_{33}			$\vdots$	$\vdots$	$\vdots$
4	$\vdots$	$\vdots$		A_{44}		$\vdots$	$\vdots$	$\vdots$
$\vdots$	$\vdots$	$\vdots$			$\ddots$	$\vdots$	$\vdots$	$\vdots$
11	$A_{11,1}$	$\cdots$	$\cdots$	$\cdots$	$\cdots$	$A_{11,11}$	$A_{12,12}$	$A_{11,14}$
12	$A_{12,1}$	$\cdots$	$\cdots$	$\cdots$	$\cdots$	$A_{12,11}$	$A_{12,12}$	$A_{12,14}$
14	$A_{14,1}$	$\cdots$	$\cdots$	$\cdots$	$\cdots$	$A_{14,11}$	$A_{14,12}$	$A_{14,14}$

$= (\Sigma \bar{K}_i)_{\text{red}}$

Statischer Lastfall (vertikale Belastung mit den Kräften $m \cdot g$)
Es ergibt sich das Gleichungssystem

$$(\Sigma \bar{K}_i)_{\text{red}} \cdot \begin{Bmatrix} v^0_{1x} \\ v^0_{1y} \\ \vdots \\ \vdots \\ v^0_{6x} \\ v^0_{6y} \\ v^0_{7y} \end{Bmatrix} = \begin{Bmatrix} 0 \\ F^0_{1y} \\ \vdots \\ \vdots \\ 0 \\ F^0_{6y} \\ F^0_{7y} \end{Bmatrix}$$

und daraus die Verschiebungen v. Die Stabkräfte folgen aus den Elementsteifigkeitsmatrizen. Die Verschiebungen und Stabkräfte sind in Bild 2.28 angegeben.

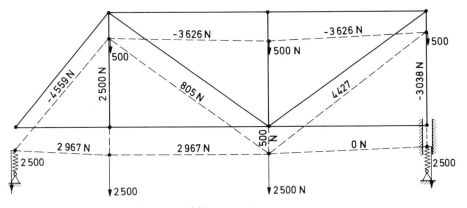

Bild 2.28 Statische Belastung und Verformung des Fachwerks nach Bild 2.27

Dynamischer Lastfall (Erregung mit einer Kraft $F_{5y} = F_{5y}^0 \cdot \sin \omega \cdot t$)
Die reduzierte Massenmatrix ist eine 13×13-Matrix:

	1	2	3	4	...	...	...	11	12	14
1	m_1	...	...	...	...	...	...	...	...	0
2	:	m_1								:
3	:		m_2							:
4	:			m_2						:
:	:				⋱					:
:	:					⋱				:
:	:						⋱			:
11	:							m_6		:
12	:								m_6	:
14	0	...	...	...	...	...	...		0	m_7

$= \bar{M}_{\text{red}}$

Es ergibt sich das Gleichungssystem

$$(\Sigma \vec{K}_i - \vec{M} \cdot \omega^2)_{red} \cdot \begin{Bmatrix} v_{1x}^0 \\ v_{1y}^0 \\ \vdots \\ \vdots \\ v_{6x}^0 \\ v_{6y}^0 \\ v_{7y}^0 \end{Bmatrix} = \begin{Bmatrix} 0 \\ 0 \\ \vdots \\ F_{5y}^0 \\ \vdots \\ 0 \\ 0 \end{Bmatrix}$$

	1 v_{1x}	2 v_{1y}
1	$A_{11} - m_1 \cdot \omega^2$	
2	0	$A_{22} - m_1 \cdot \omega^2$

$= (\Sigma \vec{K}_i - \vec{M} \cdot \omega^2)_{red}$

und daraus wieder die Verschiebungen v, die eine Funktion der Erregung ω sind.

Bild 2.29 zeigt die Verschiebung und Stabkräfte bei einer Frequenz $f = 11{,}9$ Hz ($\bar{\Delta}\omega = 74{,}8\,\mathrm{s}^{-1}$). Diese Frequenz liegt nahe bei der 3. Eigenfrequenz des Systems.

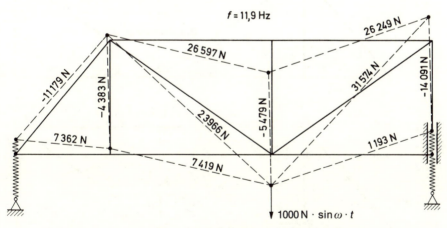

Bild 2.29 Schwingungsform des mit einer Kraft $F_{5y}^0 \cdot \sin \omega \cdot t$ erregten Fachwerks nach Bild 2.27

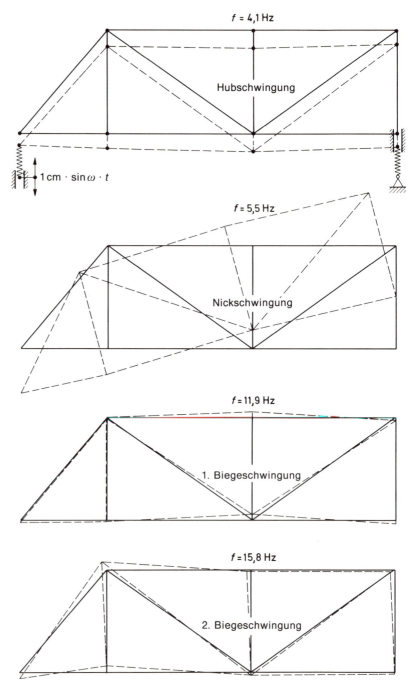

Bild 2.30 Schwingungsformen des mit einem Weg $v_{8y}^0 \cdot \sin\omega \cdot t$ erregten Fachwerks nach Bild 2.27

Dynamischer Lastfall (Erregung mit einer Verschiebung $v_{8y} = v_{8y}^0 \cdot \sin \omega \cdot t$)
Es ergibt sich jetzt das Gleichungssystem:

$$(\Sigma \bar{K}_i - \bar{M} \cdot \omega^2)_{\text{red}} \cdot \begin{Bmatrix} v_{1x}^0 \\ v_{1y}^0 \\ \vdots \\ v_{6x}^0 \\ v_{6y}^0 \\ v_{7y}^0 \end{Bmatrix} = \begin{Bmatrix} v_{8y}^0 \cdot A_{1,16} \\ v_{8y}^0 \cdot A_{2,16} \\ \vdots \\ v_{8y}^0 \cdot A_{11,16} \\ v_{8y}^0 \cdot A_{12,16} \\ v_{8y}^0 \cdot A_{14,16} \end{Bmatrix}$$

Der zuvor gebundene Freiheitsgrad 8_y ist hier gelöst und mit einer vorgegebenen Verschiebung $v_{8y} = v_{8y}^0 \cdot \sin \omega \cdot t$ versehen worden. Bild 2.30 zeigt die ersten 4 Schwingungsformen. Die Stabkräfte sind eine Funktion der Erregung ω.

Tabelle 2.1 $|S_i/S_1|$

Stab	Statisch	we_1	we_2	we_3	we_4
1–2 / 1	1	1	1	1	1
1–3 / 2	0,65	0,65	0,65	0,65	0,65
2–3 / 3	0,55	0,53	0,99	0,82	1,08
2–4 / 4	0,80	0,83	0,16	3,10	0,02
2–5 / 5	0,18	0,21	0,75	3,04	0,94
3–5 / 6	0,65	0,65	0,65	0,66	0,66
4–5 / 7	0,12	0,12	0,14	0,64	0,05
4–6 / 8	0,80	0,83	0,37	3,06	0,17
5–6 / 9	0,97	1.02	0,69	3,67	0,37
5–7 / 10	0	0,01	0,61	0,15	0,42
6–7 / 11	0,67	0,67	0,78	1,64	0,17
1–8 / 12	1,31	1,18	2,44	0,71	0,20
7–9 / 13	1,22	1,11	2,71	0,71	0,04

Bezieht man die Stabkräfte auf die Stabkraft des 1. Stabes, so erkennt man, daß die Verhältniswerte im statischen und dynamischen Fall unterschiedlich sind (Tabelle 2.1). Daraus leitet sich der wichtige Satz ab, daß statische Berechnungen nur unzureichend richtige Ergebnisse wiedergeben, wenn mit Schwingungsbelastung gerechnet werden muß.

Weiter muß darauf hingewiesen werden, daß in der Nähe von Resonanzstellen die Stabkräfte große Werte annehmen können, auch wenn im realen Fall noch die Dämpfung berücksichtigt wird.

2.3 Ähnlichkeitsbetrachtungen

Grundsätzlich kann unterschieden werden zwischen Stoff- und Formleichtbau. Im Formleichtbau müssen die Bauteile so gestaltet sein, daß eine möglichst gleichmäßige Ausnutzung des Werkstoffs gewährleistet ist.

Der Stoffleichtbau wendet die günstigen Werkstoffeigenschaften an, die sich in bezug auf die spezifische Dichte ergeben. Wichtige Werkstoffkennwerte sind die Spannung an der Streckgrenze und der E-Modul (Tabelle 2.2).

Um einen Vergleich zwischen den verschiedenen Formen und Materialien zu bekommen, wird ein Träger auf zwei Stützen betrachtet (Bild 2.31). Angenommen ist ein quadratisches Rohr. Hierbei gilt für den Querschnitt (A), das Widerstandsmoment (W) und das Trägheitsmoment (J):

$$A = 4 \cdot a \cdot t \tag{2.22}$$

$$W = \tfrac{4}{3} \cdot a^2 \cdot t \tag{2.23}$$

$$J = \tfrac{2}{3} \cdot a^3 \cdot t \tag{2.24}$$

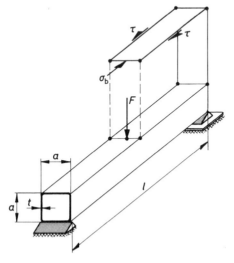

Bild 2.31 In der Mitte belasteter Biegeträger und Beanspruchung des oberen Blechfeldes

Tabelle 2.3

Stoff	λ_m (R_p)	λ_m (E)
St 37	1	1
St 60	0,7	1
AlCuMg1 F40	0,328	1,1
GFK (65%)	0,19	2,4

Tabelle 2.2

Stoff	R_p (N/cm²)	E^* (N/cm²)	ϱ (kg/dm³)
St 37	23 500	$21 \cdot 10^6$	7,85
St 60	33 400	$21 \cdot 10^6$	7,85
AlCuMgF40	25 500	$6,8 \cdot 10^6$	2,8
GFK (65%)	28 000	$2 \cdot 10^6$	1,8

* Bei dynamischer Belastung ist E kleiner

Für diesen Träger lautet die Festigkeitsbeziehung:

$$\sigma = \frac{M}{W} = \frac{3 \cdot F \cdot l}{16 \cdot a^2 \cdot t} \tag{2.25}$$

und die Steifigkeitsbeziehung:

$$\frac{f}{F} = \frac{l^3}{48 \cdot E \cdot J} = \frac{l^3}{32 \cdot E \cdot a^3 \cdot t} \tag{2.26}$$

Für die Masse gilt:

$$m = 4 \cdot a \cdot t \cdot l \cdot \varrho \tag{2.27}$$

Aus Gl. 2.25 und Gl. 2.27 ergibt sich:

$$m = \frac{3 \cdot l^2 \cdot \varrho \cdot F}{4 \cdot a \cdot \sigma} \tag{2.28}$$

Entsprechend können Gl. 2.26 und Gl. 2.27 gleichgesetzt werden:

$$m = \frac{\varrho \cdot l^4}{8 \cdot E \cdot a^2 \cdot f/F} \tag{2.29}$$

Für den Stoffleichtbau gilt dann mit den Ähnlichkeitsmaßstäben (λ):

$$\lambda_m = \frac{\lambda_\varrho}{\lambda_\sigma} \quad \text{(Festigkeit)} \tag{2.30}$$

bzw.:

$$\lambda_m = \frac{\lambda_\varrho}{\lambda_E} \quad \text{(Steifigkeit)} \tag{2.31}$$

Tabelle 2.3 zeigt λ_m bezogen auf St37.
    Die Festigkeitsbeziehung Gl. 2.25 und die Steifigkeitsbeziehung Gl. 2.26 können auch für den Formleichtbau verwendet werden. Dann wird aus Gl. 2.28

$$\lambda_m = \frac{1}{\lambda_a} \quad \text{(Festigkeit)} \tag{2.32}$$

und aus Gl. 2.29:

$$\lambda_m = \frac{1}{\lambda_a^2} \quad \text{(Steifigkeit)} \tag{2.33}$$

Zwischen λ_t und λ_a bestehen die Beziehungen (siehe Gl. 2.23 und 2.24):

$$\lambda_t = \frac{1}{\lambda_a^2} \quad \text{(Festigkeit)} \tag{2.34}$$

$$\lambda_t = \frac{1}{\lambda_a^3} \quad \text{(Steifigkeit)} \tag{2.35}$$

Bei großem λ_a wird λ_t sehr klein. Je dünner aber die Blechstärke gemacht wird, um so mehr besteht die Gefahr des Beulens. Für das Druckbeulen eines rechteckigen Blechfeldes gilt:

$$\sigma_{kr} = k \cdot E \cdot \left(\frac{t^2}{a^2}\right) \quad l \gg a \tag{2.36}$$

und mit den Ähnlichkeitsmaßstäben:

$$\lambda \sigma_{kr} = \frac{\lambda_E}{\lambda_a^6} \quad \text{(Festigkeit)} \tag{2.37}$$

$$\lambda \sigma_{kr} = \frac{\lambda_E}{\lambda_a^8} \quad \text{(Steifigkeit)} \tag{2.37a}$$

bzw.:

$$\lambda \sigma_{kr} = \lambda_E \cdot \lambda_t^3 \quad \text{(Festigkeit)} \tag{2.38}$$

$$\lambda \sigma_{kr} = \lambda_E \cdot \lambda_t^{8/3} \quad \text{(Steifigkeit)} \tag{2.38a}$$

In Bild 2.32 sind obige Beziehungen angegeben. Eingetragen ist auch die Streckgrenze σ_S. Erreicht σ_{kr} den Wert σ_S, so ist bei zunehmender Blechstärke t das Beulen nicht mehr maßgebend.

Zur Beurteilung des Energieaufnahmevermögens einer Struktur soll ein längsbelasteter Träger dienen (Bild 2.33). Dieser Träger bildet bei Belastung Falten. Die Energieaufnahme ist in den Falten am größten. Die Energie einer Falte wird dann unter der Voraussetzung $\varepsilon \gg \varepsilon_p$ (Bild 2.33):

$$W_{pl} = 2 \cdot \int_0^{t/2} \sigma_S \cdot b \cdot dx \cdot \pi \cdot ((x+R) - R)$$

$$= \sigma_S \cdot b \cdot \pi \cdot \frac{t^2}{4} \tag{2.39}$$

Die Masse des Blechs ist:

$$m = (2 \cdot L + R \cdot \pi) \cdot t \cdot b \cdot \varrho \tag{2.40}$$

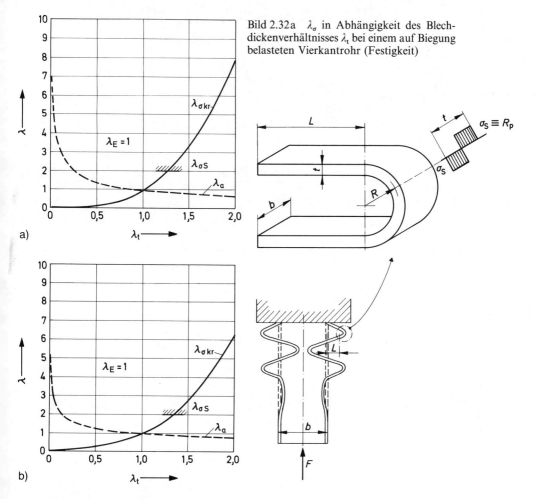

a)

b)

Bild 2.32a λ_σ in Abhängigkeit des Blechdickenverhältnisses λ_t bei einem auf Biegung belasteten Vierkantrohr (Festigkeit)

Bild 2.32b λ_σ in Abhängigkeit des Blechdickenverhältnisses λ_t bei einem auf Biegung belasteten Vierkantrohr (Steifigkeit)

Bild 2.33 Durch Faltenbildung verformter Hohlträger

Und somit die spezifische plastische Energie:

$$w_{pl} = \frac{W_{pl}}{m} = \frac{\sigma_S \cdot \pi \cdot t}{4 \cdot \varrho (2 \cdot L + R \cdot \pi)} \tag{2.41}$$

Mit Ähnlichkeitskenngrößen:

$$\lambda_{w_{pl}} = \frac{\lambda_{\sigma_S} \cdot \lambda_t}{\lambda_\varrho} \qquad (\sigma_S \equiv R_p) \tag{2.42}$$

49

Stoff	$\lambda_{w_{pl}}$	
St 37	1	
St 60	1,41	$\lambda_t = 1$
AlCuMg1 F40	3,04	
[GFK (65%)]	[5,19] *)	

Tabelle 2.4

*) wegen geringer Bruchdehnung nur hypothetisch

Für die angeführten Werkstoffe folgt, bezogen auf St 37, die Tabelle 2.4.

Aus Gl. 2.42 geht auch hervor, daß bei Vergrößerung der Blechstärke t die spezifische plastische Energie wächst:

$$\lambda_{w_{pl}} = \lambda_t \quad \text{(bei } \lambda \sigma_S \text{ und } \lambda_\varrho = \text{konst)}$$

Da die Faltenbildung bei dem angenommenen Träger auch von der kritischen Beulspannung (Gl. 2.36) abhängt, stellt obige Betrachtung nur eine Näherung dar.

3 Werkstoffe und Halbzeuge für den Karosseriebau

Die wichtigsten Materialeigenschaften sind (Bild 3.1):

- [ ] Streckgrenze R_p
- [ ] Zugfestigkeit R_m
- [ ] Bruchdehnung A_5, A_{80}
- [ ] Elastizitätsmodul E

Der obere Wert der statischen Festigkeit ist die Streckgrenze. Die maximal zulässige Spannung muß genügend weit darunter liegen. Der Elastizitätsmodul ist ein Maß für die Materialsteifigkeit. Zugfestigkeit und Bruchdehnung sind einmal ein Maß für die Umformmöglichkeit und zum anderen ein Maß für das Energieaufnahmevermögen (Crash). Ferner sind die Materialeigenschaften eine Funktion von der Verformungsgeschwindigkeit (Bild 3.2).

Die Beanspruchung eines Bauteils ist in vielen Fällen zeitlich veränderlich. Aus diesem Grunde sind die Dauerfestigkeitswerte für die Beurteilung der Festigkeit die eigentlich maßgebenden Größen. Bild 3.3 zeigt die Oberspannungsgrenzen in Funktion des Spannungsverhältnisses σ_u/σ_o bei einer sinusförmigen Belastung. N ist die Zahl der Lastspiele bis zum Versagen.

Im Leichtbau wird heute häufig mit der Zeitfestigkeit gerechnet. Dazu muß Bild 3.3 bekannt sein. Da aber die Materialbeanspruchung nach Bild 3.4a un-

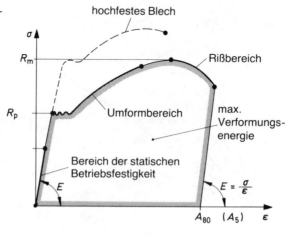

Bild 3.1 Spannungs-Dehnungs-Diagramm eines metallischen Werkstoffs mit ausgeprägter Streckgrenze

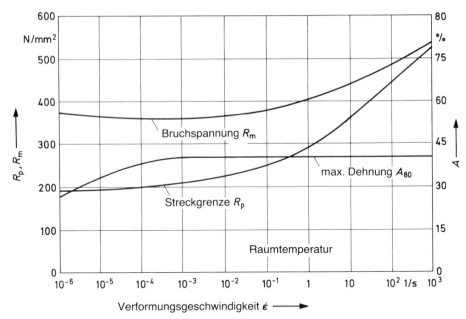

Bild 3.2 Abhängigkeit der Werkstoffkennwerte R_m, R_p und A_{80} von der Verformungsgeschwindigkeit $\dot{\varepsilon}$ für einen weichen Stahl

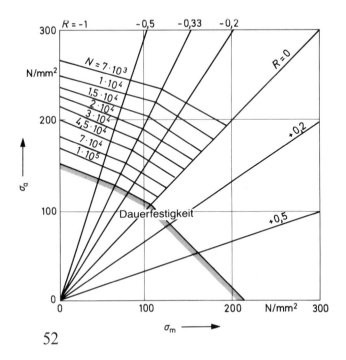

Bild 3.3 Zeitfestigkeitsschaubild für einen Stahlwerkstoff. $R = -1$: Wechselfestigkeit; $R = 0$: Schwellfestigkeit; $R = 1$: Ruhefestigkeit

σ_m = Mittel-
σ_o = Ober-   } Spannung
σ_u = Unter-
σ_a = Spannungsamplitude
$R = \sigma_u/\sigma_o$

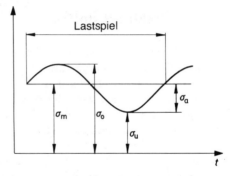

regelmäßig ist, können diese Kurven zunächst nicht benutzt werden. Deshalb stellt man die Häufigkeit, mit der die Beanspruchungen auftreten, in einem Summenkollektiv (Bild 3.4b) dar. Nach der Meiner-Regel tritt Versagen ein, wenn das Verhältnis von der vorhandenen Lastspielzahl n_i zur maximal ertragbaren Lastspielzahl N_i über alle Bereiche summiert gleich eins wird:

$$\sum_{i=1}^{i-z} \frac{n_i}{N_i} = 1 \quad \text{(Meiner-Regel)} \tag{3.1}$$

Bild 3.4a Zeitabhängiger Spannungsverlauf in einem Bauteil

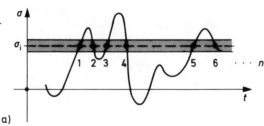

Bild 3.4b Beanspruchungskollektiv eines Bauteils

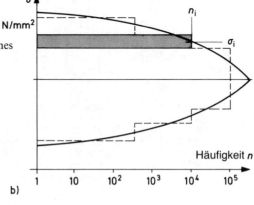

3.1 Stahlwerkstoffe

Der wohl wichtigste Werkstoff im Karosseriebau ist Stahl, der in Form von Blechen oder Profilen als Halbzeug vorliegt.
Bei Blechen unterscheidet man zwischen Warmwalz- und Kaltwalzprodukten. Warmgewalztes Blech wird durch Walzen bei $t > 800\,°C$ hergestellt. Die Verarbeitbarkeit der warmgewalzten Bleche ist schlechter als die der kaltgewalzten Bleche. Der Dickenbereich liegt etwa zwischen 1,6 und 6,0 mm. Kaltgewalztes Blech wird zunächst auch warmgewalzt, danach in einem Säurebad entzundert. Nach dem Kaltwalzen erfolgt ein Weichglühen bei ca. 750 °C. Dadurch erhält das Material wieder die alten plastischen Eigenschaften.

Bleche mit besonderen Oberflächengüten und kleinen Dickentoleranzen werden zusätzlich noch mit besonders harten polierten Walzen bearbeitet (Dressieren). Dabei werden folgende Oberflächenrauhigkeiten erzielt:

$R_a < 0{,}6\,\mu m$ (glattes Feinblech $-g$)

$R_a < 1{,}8\,\mu m$ (mattes Feinblech $-m$)

Karosseriebleche können eingeteilt werden in normale Tiefziehbleche und hochfeste Tiefziehbleche (Tabelle 3.1). Normale Tiefziehbleche sind Kohlenstoffstähle mit einem Kohlenstoffgehalt von weniger als 0,1%. Sie zeichnen sich durch eine sehr hohe Bruchdehnung, die bis zu 45% betragen kann, aus. Hochfeste Tiefziehbleche können unterteilt werden in

Tabelle 3.1

Werkstoff	R_p (N/mm^2)	R_m (N/mm^2)	A (%)	Bemerkung	Quelle
St 12	250	340	30		
St 13	225	320	35	Karosseriebleche	DIN 1623/1624
St 14	200	300	40		
St 33	185	310–540	10–18		
St 50	295	490–660	12–20	Baustahl	DIN 17100
St 70	365	690–900	4–11		
P 275	285	415	35	Phosphorlegiert	Stahl-Eisen-Werkstoffblatt 093 (ATZ 87/587)
FeE 275–HF	311	387	33		
FeE 355–HF	384	478	27	Mikrolegiert	
FeE 420–HF	444	560	22		
QStE 340 TM	340	420–450	25		
QStE 380 TM	380	450–590	23		
QStE 420 TM	420	480–620	21	Thermomechanisch behandelt	Stahl-Eisen-Werkstoffblatt 093
QStE 460 TM	460	520–670	19		
QStE 500 TM	500	550–700	17		
QStE 550 TM	550	610–760	15		

(für Bleche)

☐ phosphorlegierte Stähle, Silizium und manganlegierte Stähle
☐ ausscheidungsgehärtete Stähle, Zweiphasenstähle.

Die unter 2. genannten Stähle verlieren bei Wärmebehandlung einen Teil ihrer Festigkeit.

Korrosionsgeschützte Bleche sind Bleche mit Überzügen aus Zink, Zinn oder Aluminium. Diese Überzüge können entweder galvanisch oder durch Eintauchen in ein Schmelzbad (Feuerverzinken) aufgebracht werden. Die Schweißbarkeit und Lackierbarkeit der Bleche ist aber geringer als bei nichtbehandelten Blechen. Auch die Verarbeitung beim Tiefziehen ist wegen der Verschmierneigung schwieriger. Ein neues Oberflächenverfahren wird beim Excelite-Karosserieblech (Toyota) angewandt. Als Grundschicht wird eine Eisen-Zink-Legierung mit hohem Zinkgehalt aufgetragen. Die Oberflächenschicht ist ebenfalls eine Eisen-Zink-Legierung, aber mit einem höheren Eisengehalt. Sowohl der Korrosionsschutz als auch die Verarbeitbarkeit (Tiefziehen, Punktschweißen) sollen dadurch verbessert werden.

3.2 Aluminiumwerkstoffe

Als Halbzeug liegt auch Aluminium, wie Stahl, in Form von Blechen und Profilen vor.

Aluminiumlegierungen haben bessere Festigkeitseigenschaften als Reinaluminium. Hochfeste Legierungen können die Festigkeitswerte für Stahl übertreffen. Nachteilig ist die geringe Bruchdehnung solcher Materialien.

Bleche für Karosseriezwecke werden bei nicht aushärtbaren Aluminiumlegierungen im Zustand weich, bei aushärtbaren Aluminiumlegierungen im Zustand kaltausgehärtet, geliefert. Je nach Umformgrad beim Tiefziehen ergeben sich höhere Festigkeitswerte. Tabelle 3.2 gibt eine Auswahl von Aluminiumwerk-

Tabelle 3.2

Werkstoff		R_p (N/mm²)	R_m (N/mm²)	A (%)	Bemerkung	Quelle
AlMgSi1	(k)	98–196	196–255	14–20		
AlMgSi1	(w)	255–324	314–363	8–16	Aushärtbar	
AlZnMg3	(w)	343–471	431–510	8–12		
AlCu4Mg2	(k)	274–392	431–490	12–19		DIN 1725
AlMn	(w)	39–78	98–137	30–35		
AlMn	(H)	127–206	157–245	3–7	Nicht aushärtbar	
AlMg1	(W)	39–78	98–147	18–32		
AlMg1	(H)	137–235	157–255	3–10		

W = weich   H = hart   k = kalt ausgehärtet   w = weich ausgehärtet
(für Bleche und Strangpreßprofile)

stoffen. Die Bleche können warm- oder kaltgewalzt sein. Für den Automobilbau kommen hauptsächlich kaltgewalzte Bleche mit Dicken zwischen 0,35 und 5 mm in Betracht. Well- bzw. Trapezbleche werden durch Biegeumformung hergestellt. Stangen und Profile aus Aluminiumlegierungen werden im Gegensatz zu Stahl nicht gewalzt, sondern durch Strangpressen hergestellt. Sie bestehen vorwiegend aus aushärtbaren Legierungen, die nach dem Lösungsglühen und Abschrecken durch Recken gerichtet werden.

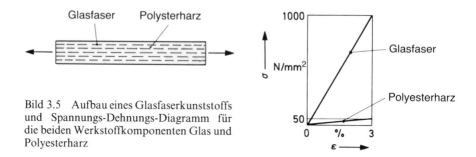

Bild 3.5   Aufbau eines Glasfaserkunststoffs und Spannungs-Dehnungs-Diagramm für die beiden Werkstoffkomponenten Glas und Polyesterharz

3.3   Glasfaserverbundwerkstoffe (GFK)

GFK-Materialien werden in nicht steifigkeitsbestimmenden Bereichen eingesetzt (Kofferraum- bzw. Motorraumhaube, Dach, äußere Verkleidung).

Der Verbundwerkstoff Glasfaser-Polyesterharz muß so aufgebaut sein, daß möglichst die Tragfähigkeit beider Materialien voll ausgenutzt wird (Bild 3.5). Polyesterharz hat einen E-Modul von etwa 200000–400000 N/cm². Der E-Modul für Glasfasern beträgt etwa 7300000 N/cm². Beide Materialien müssen miteinander fest verbunden sein. Das geschieht mit verschiedenen Verstärkungsarten (Bild 3.6). Die Zugfestigkeit R_m ist eine Funktion des Glasfasergehalts (Bild 3.7). Ebenso ist eine klare Abhängigkeit der Druckfestigkeit vom Glasfasergehalt erkennbar.

Tabelle 3.3

Glasfasergehalt in Polyesterharz (Gewichtsprozente)		25%	45%	65%
ϱ	(g/cm³)	1,35	1,55	1,8
E	(N/cm²)	$0,6 \cdot 10^6$	$1 \cdot 10^6$	$2 \cdot 10^6$
G	(N/cm²)	$0,25 \cdot 10^6$	$0,42 \cdot 10^6$	$0,42 \cdot 10^6$
R_m (Zug)	(N/mm²)	75,00	150,00	280,00
R_m (Druck)	(N/mm²)	120,00	180,00	240,00

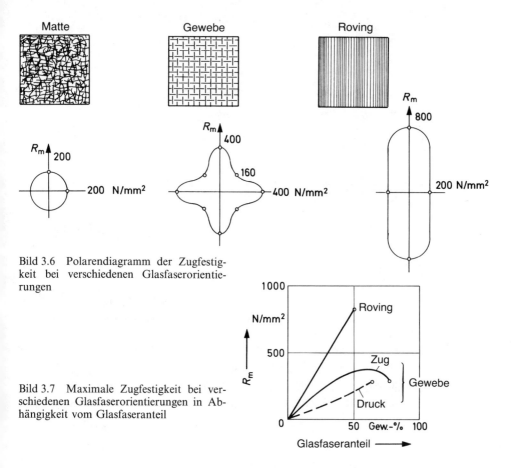

Bild 3.6 Polarendiagramm der Zugfestigkeit bei verschiedenen Glasfaserorientierungen

Bild 3.7 Maximale Zugfestigkeit bei verschiedenen Glasfaserorientierungen in Abhängigkeit vom Glasfaseranteil

Materialeigenschaften einiger ausgeführter GFK-Prüflinge mit unorientierten Matten zeigt Tabelle 3.3. Die Bruchdehnung beträgt nur etwa 2 bis 3%. Die in der Tabelle angegebenen Stoffwerte sind eine Funktion der Temperatur.

3.4 Sandwichwerkstoffe

Sandwichbauteile bestehen aus mechanisch hochbelastbaren Deckschichten, deren Abstand durch einen Kern fixiert wird (Bild 3.8). Der Kern kann entweder ein Kunststoffhartschaum oder eine Wabenkonstruktion sein. Wie beim Doppel-T-Träger die Gurte, so dienen beim Sandwich die Deckschichten hauptsächlich dazu, Zug- bzw. Druckspannungen aufzunehmen. Der Kern überträgt die Querkräfte. Durch die Verbindung des Kerns mit den Deckschichten ist ferner eine Abstützwirkung vorhanden, die Knick- und Faltenbildung behindert. Wie bei GFK, so wird auch hier die Bauteilform mit Ausnahme ebener Platten nicht aus Halbzeugen

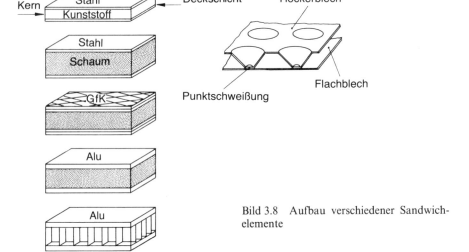

Bild 3.8 Aufbau verschiedener Sandwichelemente

erstellt (Bild 3.9). Die Deckschichten bilden Schalen, die im Abstand der Sandwichdicke gehalten werden. In den so verbleibenden Hohlraum wird Kunststoffhartschaum gespritzt. Wichtig ist dabei die Haftung zwischen den Schichten, die mit zusätzlichen Geweben erhöht werden kann. Folgende Materialien finden für die Sandwich-Konstruktion Verwendung:

☐ Deckschichten: Stahl, Aluminium, GFK, Holz
☐ Kern: Kunststoffhartschäume, Waben aus Aluminium, GFK, Papier

Für ein Sandwichbauteil sind folgende Versagensarten zu berücksichtigen:

☐ Knicken (Beulen) der Deckschichten
☐ Zug-(Druck-) oder Schubbruch im Kern
☐ Zug-(Druck-) Bruch in den Deckschichten
☐ Gleiten zwischen Deckschicht und Kern

Bild 3.10 zeigt die Spannungsverteilung einer auf Biegung beanspruchten Platte.

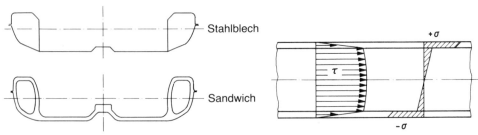

Bild 3.9 Durch Außen- und Innenschale erstellte Sanwichkonstruktion (ATZ)

Bild 3.10 Biege (σ)- und Schubspannungen (τ) in einer Sandwichplatte

4 Fertigungstechniken

4.1 Punktschweißen

Punktschweißen gehört zu den Preßschweißverbindungen, die auf dem elektrischen Widerstand eines Werkstoffs beruhen (Bild 4.1). Hierbei werden sich überlappende Bleche (2 oder 3 Lagen) durch zwei Elektroden aufeinandergepreßt. Ein großer elektrischer Strom wird durch die Elektroden geleitet. Die durch den elektrischen Widerstand des Metalls erzeugte Wärme $I^2 \cdot R$ schmilzt das Metall. Durch den Anpreßdruck werden die geschmolzenen Punkte miteinander verbunden. Die folgenden Parameter sind für die Punktbildung maßgebend:

☐ *Kleiner Punkt:* Druckkraft groß, Stromstärke klein, Zeit klein
☐ *Großer Punkt:* Druckkraft klein, Stromstärke groß, Zeit groß

In keinem Fall darf das Material so weit geschmolzen werden, daß große Vertiefungen, sichtbare Löcher oder Spritzer auftreten. Spritzer können an der Außenfläche oder aber auch zwischen den Blechen vorkommen. Der optimale Schweißpunktdurchmesser (mm) ist etwa $5{,}5 \cdot \sqrt{\text{Blechstärke (mm)}}$.

Zur Prüfung von Punktschweißverbindungen dienen der Scherversuch und der Ausknöpfversuch. Beim Scherversuch wird der Schweißpunkt auf Abscheren belastet. Die maximale Scherkraft ist eine Funktion der Blechstärke, da der

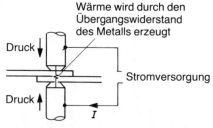
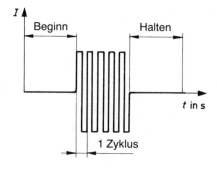

Bild 4.1 Herstellung einer Punktschweißverbindung. Nach Anpressen der beiden Elektroden erfolgt der eigentliche Schweißvorgang. Die Haltezeit ist abhängig von der Abkühlungsgeschwindigkeit des Schweißpunkts.

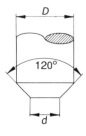

Tabelle 4.1

Blechdicke mm	Stromflußzeit (Zyklen)	Druckkraft (N)	Stromstärke (A)	d (mm)	D (mm)
0,6	7	1471	6600	4,0	10
0,8	8	1863	7800	4,5	10
1,0	10	2206	8800	5,0	13
1,2	12	2648	9800	5,5	13
1,6	16	3530	11500	6,3	13

Schweißpunktdurchmesser mit zunehmender Blechstärke ebenfalls zunimmt. Im Ausknüpfversuch darf bei einem Abschälen der Schweißpunkt nicht aufreißen. Vielmehr soll eine Rißbildung im Blech am Schweißpunktrand erfolgen (Ausknüpfen). Tabelle 4.1 gibt einen Überblick über optimale Bedingungen für Stromstärke, Druckkraft und Stromflußzeit.

Da beim Punktschweißen der Schweißstrom nicht nur zwischen den Elektroden, sondern auch durch benachbarte Schweißpunkte fließen kann, ist die Teilung ein wichtiger Parameter. Je kleiner die Teilung gewählt wird, um so größer wird der Streustrom (Bild 4.2). Allerdings bedeutet eine kleine Teilung auch eine größere Anzahl von Schweißpunkten und damit eine größere Festigkeit. Die Teilung muß also optimiert werden. In Tabelle 4.2 sind einige Empfehlungen gegeben.

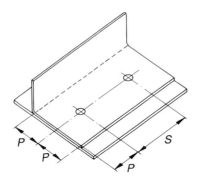

Tabelle 4.2

Blechdicke (mm)	Teilung S (mm)	Randabstand P (mm)
0,6	>11	>5
0,8	>14	>5
1,0	>18	>6
1,2	>22	>7
1,6	>29	>8

Bild 4.2 Streustrom beim Setzen mehrerer Schweißpunkte

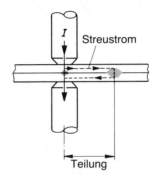

Bei der Verwendung von hochfesten Blechen muß beachtet werden, daß der zulässige Bereich für die Druckkraft und den Schweißstrom verkleinert wird (Bild 4.3). Allerdings steigen die zulässigen Scherkräfte an (Bild 4.4) und geben damit die Möglichkeit, die höhere Festigkeit auch im Schweißpunktbereich auszunutzen.

Bild 4.3 Druckkraft und Schweißstrom für optimale Schweißpunkte (ATZ 87/10)

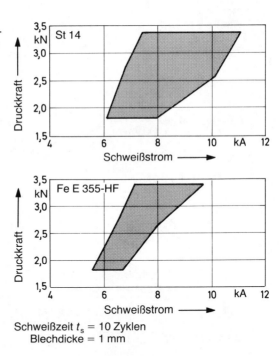

Schweißzeit t_s = 10 Zyklen
Blechdicke = 1 mm

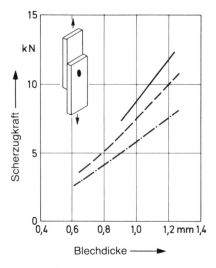
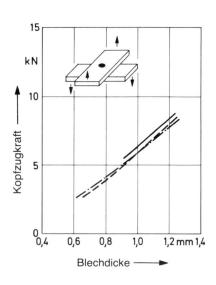

——— Fe E 355-HF
– – – – Fe E 275-HF
–·–·– St 14
Schweißlinse: $5,5\sqrt{t}$

Bild 4.4 Scherzugkraft (Schub) und Kopfzugkraft (Aufknöpfen) in Abhängigkeit von der Blechdicke bei optimalen Schweißpunkten (ATZ 87/11)

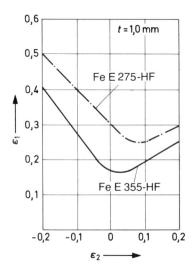
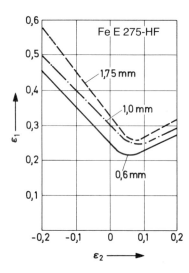

	R_m N/mm²
Fe E 275-HF	311
Fe E 355-HF	384
St 14	312

Bild 4.5 Grenzformänderungskurven für verschiedene Stahlsorten und Blechdicken (ATZ 87/10)

4.2 Blechumformung

Die für den Karosseriebau verwendeten Bleche sind entweder aus Stahl- oder Aluminiumwerkstoffen. Die wichtigste Eigenschaft für die Blechumformung ist das Dehnverhalten. Aus der Grenzformänderungskurve (Bild 4.5) können die Möglichkeiten der Umformung abgelesen werden. Hier sind die Grenzdehnungen ε_1 und ε_2 abhängig von der Werkstoffart und der Blechdicke angegeben. Der negative Einfluß zunehmender Streckgrenze und abnehmender Blechdicke auf den Arbeitsbereich soll dabei besonders hervorgehoben werden. So ist es z. B. erforderlich, bei Verwendung hochfester Bleche für ein Bauteil größere Radien und damit geringere Umformgrade vorzusehen als bei normalen Blechen.

In Druckzonen kann es zu Faltenbildung kommen (Bild 4.6). Eine Gegenmaßnahme sind Vertiefungen im Bereich dieser kritischen Stellen (Bild 4.6). Die Neigung zur Faltenbildung ist bei kleineren Blechstärken größer, da hier die kritische Beulspannung niedriger ist.

Obwohl die Umformung im plastischen Bereich stattfindet, bleibt nach dem Umformungsvorgang eine Restelastizität übrig. Diese Restelastizität führt zur Rückfederung und muß bei der Herstellung berücksichtigt werden.

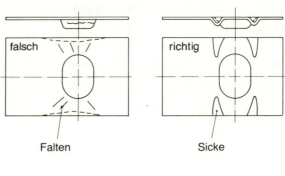

Bild 4.6 Faltenbildung entsteht in Druckzonen bei der Blechumformung. Durch konstruktive Sicken können die Druckzonen verkleinert und somit die Falten verhindert werden.

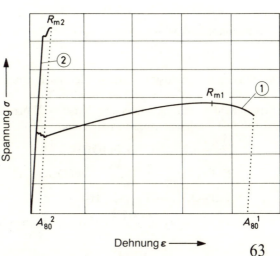

Bild 4.7 Durch Kaltumformung verändern sich die Materialeigenschaften R_m, R_p und A_{80}

① = Ausgangszustand

② = kalt umgeformt (50 %)

Bei der Umformung stellt sich Kaltverfestigung ein. Hierbei erhöht sich die Streckgrenze unter gleichzeitiger Verringerung der Bruchdehnung (Bild 4.7). Diesen Effekt kann man sich bei der festigkeitsmäßigen Auslegung von Bauelementen zunutze machen. Zu beachten ist aber, daß bei einer Wärmebehandlung (z.B. Schweißen) diese Eigenschaften wieder verlorengehen können.

Bei Verwendung von Aluminiumblechen sollte gegenüber Stahlblechen folgendes beachtet werden:

☐ geringere Ziehfähigkeit
☐ stärkere Neigung zur Rißbildung
☐ stärkere Rückfederung

Wie bei Stahl, so ist auch bei kaltverfestigten oder ausgehärteten Aluminiumblechen bei Wärmebehandlung eine Verminderung der Festigkeit gegeben. Daher wird z.B. bei Blechen in Sicherheitszonen grundsätzlich eine Wärmebehandlung nicht erlaubt.

4.3 Korrosion

4.3.1 Elektrochemische Beziehungen

Korrosionserscheinungen sind elektrochemischer Art. Dabei wandelt sich, thermodynamisch gesehen, ein energiereicher Stoff in einen energieärmeren Stoff um. Der Reaktionsablauf kann für Eisen folgendermaßen beschrieben werden (Bild 4.8):

☐ anodischer Prozeß

$$Fe \rightarrow Fe^{++} + 2 \cdot e^-$$

☐ katodischer Prozeß
Sauerstoffkorrosion:

$$O_2 + 2H_2O + 4e^- \rightarrow 4OH^-$$

Wasserstoffkorrosion:

$$2 \cdot H^+ + 2 \cdot e^- \rightarrow H_2$$

Die Wasserstoffkorrosion kommt hier nach einiger Zeit zum Stillstand. Das entstandene, im Wasser gelöste, positive Eisen-Ion Fe^{++} kann nun in einem zweiten Schritt mit dem aus der Sauerstoffkorrosion entstandenen negativen OH-Ion OH^- folgendermaßen reagieren:

$$Fe^{++} + 2 \cdot OH^- \rightarrow Fe(OH)_2$$

$$2 \cdot Fe(OH)_2 + \tfrac{1}{2} \cdot O_2 \rightarrow 2 \cdot FeOOH + H_2O$$

$$2 \cdot FeOOH \rightarrow Fe_2O_3 + H_2O$$

Das Eisenoxyd Fe_2O_3 ist in der elektrochemischen Spannungsreihe edler als Fe.

Bild 4.8
a) Korrosionselement an einer Werkstoffoberfläche
b) Korrosionselement an einem Spalt

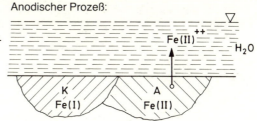

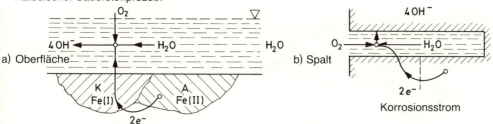

Die oben geschilderten Prozesse können nur dann aufrecht erhalten werden, wenn ein Elektronenfluß über Lokalelemente erfolgen kann. Dabei fließen die Korrosionsströme von der Anode zur Katode.

Lokalelemente sind:

☐ unterschiedliche Gefügebestandteile
☐ verschiedene Metalle bzw. Stoffe
☐ Gebiete verschiedener mechanischer Spannungszustände
☐ Gebiete verschiedener O_2-Belüftung (am Spalt)

Besonders korrosionsfördernd sind in Elektrolyten gelöste Salze (z. B. NaCl). Diese Salze bilden Kationen (Na^+) und Anionen (Cl^-). Sie sind am Ladungstransport von der Anode zur Katode beteiligt, insbesondere dann, wenn Makroelemente (zwei verschiedene Metalle) oder Lokalelemente (zwei verschiedene Elemente im Kristallbereich) vorliegen.

Der Einfluß des Salzgehalts auf den Elektrolytwiderstand ist in Bild 4.9 für eine NaCl-Lösung angegeben (Meerwasser hat etwa eine NaCl-Konzentration von 0,5 mol/l). Ebenfalls angegeben ist die erforderliche Potentialdifferenz über 1 cm Lösungsmittel, wenn sich eine Stromdichte von 1 mA/cm² ergeben soll. Die Korrosionsgeschwindigkeit nimmt also mit zunehmenden Salzgehalt zu. Da die Sauerstofflöslichkeit mit zunehmendem Salzgehalt abnimmt, ergibt sich aber ein Verlauf nach Bild 4.10.

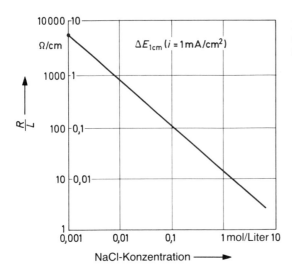

Bild 4.9 Bei Anwesenheit von Salz wird in einem Elektrolyten der elektrische Widerstand verkleinert

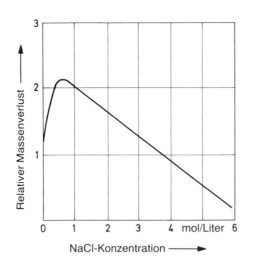

Bild 4.10 Der Massenverlust hat bei einer NaCl-Konzentration von 0,5 mol/l sein Maximum

4.3.2 Korrosionsschutzmaßnahmen

Um Korrosion zu vermeiden, müssen zunächst konstruktive Maßnahmen ergriffen werden, die das Eindringen von Feuchtigkeit in bestimmte Gebiete verhindern oder, wenn Feuchtigkeit eingetreten ist, diese schnell zu beseitigen. Dazu gehören folgende Maßnahmen:

☐ Vorsehen von Wasserablaufflächen
☐ Belüften von Hohlräumen
☐ Vermeiden von Punktschweißnähten in Spritzzonen

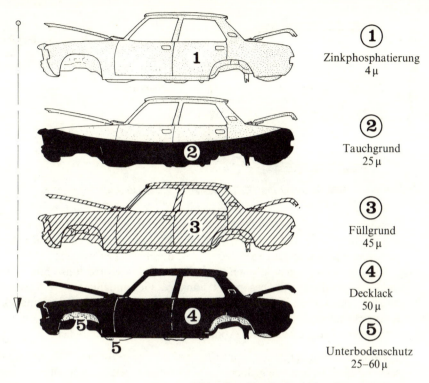

Bild 4.11 Oberflächenbehandlung bei einer Pkw-Karosserie (Opel)

□ Verwenden großflächiger Elemente zur Vermeidung von zu langen Punktschweißnähten (weniger Einzelteile)
□ Vermeiden von Taschen

Als nächster Schritt sind Schutzüberzüge, vorwiegend Lacke, vorzusehen. Diese Schutzfilme sind für Wasser, Sauerstoff und andere Stoffe durchlässig (Diffusion). Es muß dafür Sorge getragen werden, daß eine gute Haftung auf der Metalloberfläche erreicht wird, um ein Ablagern von Wasser zwischen Schutzfilm und Metalloberfläche zu verhindern.

Eine Zinkphosphatierung auf das Rohblech ergibt eine feinkristalline Zinkphosphatschicht, die einmal eine gute Lackhaftung garantiert, zum anderen aber auch einen Unterrostschutz bietet. Die einzelnen Teilschritte einer Karosserielackierung zeigt Bild 4.11.

Besonders eingegangen werden soll auf zwei Korrosionsvorgänge, die mit einem normalen Beschichtungsprozeß nicht vermieden werden können:

Kantenkorrosion (Bild 4.12) tritt an scharfen Blechkanten auf. Dabei sind, wie im Bild dargestellt, scharfe Grate besonders ungünstig. Die Oberflächenspannung des

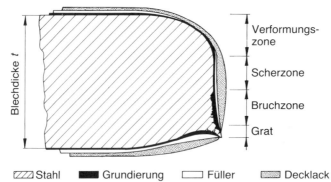

Bild 4.12
Verteilung des Oberflächenschutzes an der Schnittkante eines Blechs (Audi)

flüssigen bzw. verflüssigten Decklacks bzw. der Grundierung führt zur kleinstmöglichen Oberfläche und dadurch zu einer Abrundung. Die an den Kanten dünn gewordene Schutzschicht kann vom Grat durchbrochen werden.

Kantenabrundungen können einen wirksamen Korrosionsschutz darstellen (sehr aufwendig!). Als besonders günstige Gegenmaßnahme hat sich, wenn möglich, das Falzen herausgestellt. So werden bei Türen, Motorraumdeckel und Kofferraumdeckel die Innen- und Außenbleche nach Bild 4.13 durch Falze verbunden. Auch ein direktes Abdichten der Kanten ist möglich.

Spaltkorrosion ist der zweite sehr kritische Korrosionsvorgang. Die Abtragungsgeschwindigkeit ist hier viel größer als an der freien Oberfläche. Spalte treten auf bei:

☐ Punktschweißflanschen
☐ Blechdoppelungen
☐ Falzungen
☐ am Blech anliegenden Dichtungen

Durch Kapillarwirkung unterstützt, gelangt Feuchtigkeit in den Spalt. Ein Austrocknen ist kaum möglich. Die Sauerstoffkonzentration nimmt im Spalt ab. Somit liegt ein Korrosionselement nach Bild 4.8b vor.

Gegenmaßnahmen können durch Punktschweißpasten, die vor dem Punktschweißen auf die Flansche aufgetragen werden, oder bei Anschraubteilen durch

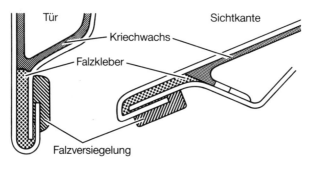

Bild 4.13
Kantenschutz durch Falzen und Versiegeln (Toyota)

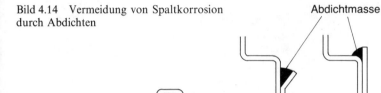

Bild 4.14 Vermeidung von Spaltkorrosion durch Abdichten

dauerplastische Dichtbänder ergriffen werden. In anderen Fällen versucht man, entstandene Spalte abzudichten (Bild 4.14).

Um bei auftretender Korrosion das Blech zu schützen, kann ein katodischer Schutz vorgesehen werden (Bild 4.15). Hier wird ein Korrosionselement Eisen-Zink verwendet. Zink ist das «Opfermetall» und wird verbraucht. Die Zinkschicht wird meist schon auf das Rohblech aufgebracht. Denkbar ist aber auch ein Verzinken nach der Karosseriefertigung. Der elektrochemische Prozeß verläuft hier genau so wie in Abschnitt 4.3.1 beschrieben. Der anodische Teilprozeß läuft an der Zinkschicht ab. In der Regel wird durch Erhöhung der Schichtdicke eine Verlängerung der Schutzdauer erreicht. Leider wird diese Schutzschicht an den Schnittkanten verkleinert. Ein Feuerverzinken nach dem Blechschnitt würde diesen Nachteil vermeiden, zumal sich bei diesem Vorgang aufgrund des Kristallwachstums an Kanten größere Schichtdicken ergeben. Korrosionsschutzmaßnahmen

Tabelle 4.3

			E_0 in V			E_0 in V
Li	$\rightarrow$ Li$^+$	$+e$	$-3{,}02$	S^{--} $\rightarrow$ S $+ 2e$		$-0{,}508$
K	$\rightarrow$ K$^+$	$+e$	$-2{,}92$	4OH$^-$ $\rightarrow$ O$_2$ + 2H$_2$O + 4e		$+0{,}401$
Na	$\rightarrow$ Na$^+$	$+e$	$-2{,}71$	2J$^-$ $\rightarrow$ J$_2$ + 2e		$+0{,}535$
Mg	$\rightarrow$ Mg^{++}	$+2e$	$-2{,}34$	2Br$^-$ $\rightarrow$ Br$_2$ + 2e		$+1{,}065$
Al	$\rightarrow$ Al^{+++}	$+3e$	$-1{,}06$	2Cl$^-$ $\rightarrow$ Cl$_2$ + 2e		$+1{,}358$
Mn	$\rightarrow$ Mn^{++}	$+2e$	$-1{,}05$	2F$^-$ $\rightarrow$ F$_2$ + 2e		$+2{,}8$
Zn	$\rightarrow$ Zn^{++}	$+2e$	$-0{,}762$			
Fe	$\rightarrow$ Fe^{++}	$+2e$	$-0{,}44$	Für die Abhängigkeit der Potential-		
Cd	$\rightarrow$ Cd^{++}	$+2e$	$-0{,}40$	werte E von der Konzentration c		
Ni	$\rightarrow$ Ni^{++}	$+2e$	$-0{,}25$	bei einer Temperatur von 18 °C gilt		
Sn	$\rightarrow$ Sn^{++}	$+2e$	$-0{,}136$			
Pb	$\rightarrow$ Pb^{++}	$+2e$	$-0{,}126$	$E(c) = E_0 + \dfrac{0{,}058}{n} \log c$		
H	$\rightarrow$ H$^+$	$+e$	$\pm 0{,}000$			
Cu	$\rightarrow$ Cu^{++}	$+2e$	$+0{,}345$	(E_0 Normalpotential, n Wertigkeit		
Ag	$\rightarrow$ Ag$^+$	$+e$	$+0{,}799$	des Metalls)		
Hg	$\rightarrow$ Hg^{++}	$+2e$	$+0{,}854$			
Au	$\rightarrow$ Au$^+$	$+e$	$+1{,}68$			

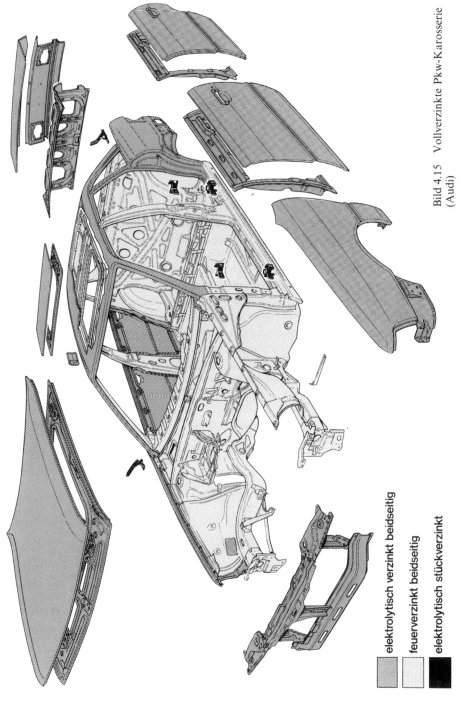

Bild 4.15 Vollverzinkte Pkw-Karosserie (Audi)

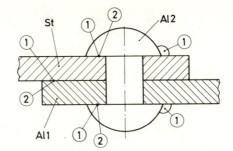

Bild 4.16 Korrosionsmöglichkeiten bei unterschiedlichen Werkstoffkombinationen

① = Kontaktkorrosion
② = Spaltkorrosion

müssen auch getroffen werden, wenn zwei verschiedene Metalle gefügt sind. Aus der elektrochemischen Spannungsreihe (Tabelle 4.3) kann abgelesen werden, welches Metall das unedlere ist und damit korrosionsanfällig wird. Es soll jedoch darauf hingewiesen werden, daß einige Metalle durch Bilden einer Deckschicht (Passivieren) edler werden, d.h. in der Spannungsreihe nach vorne rücken. Z.B. ist ein direktes Verbinden mit Aluminium und Stahl zu vermeiden. Insbesondere bei einer Mischbauweise, bei der Aluminiumteile mit Stahlteilen verschraubt oder genietet werden, kann es an der Auflage der Schraubenköpfe bzw. Nietköpfe zu Korrosion und somit zum Lösen der Verbindung kommen (Bild 4.16). Es muß also sowohl zwischen den zu verbindenden Teilen als auch an den Schraubenkopfauflagen isoliert werden.

Aber auch verschiedene Aluminiumlegierungen können eine Potentialdifferenz haben. Zu beachten ist dieses insbesondere beim Nieten von Aluminiumblechen mit Aluminiumnieten aus einer anderen Legierung bzw. einem anderen Behandlungszustand.

Korrosionsschutz kann bei Hohlprofilen (insbesondere bei gezogenen Hohlprofilen) durch Ausschäumen erzielt werden. Hierbei wird ein Polyurethan-Hartschaum eingespritzt und die Einspritzöffnung danach geschlossen. Es bilden sich dabei im Idealfall Zellen, die keine Feuchtigkeit aufnehmen können. Auch das Eindringen von Feuchtigkeit bei undichten Schweißnähten wird behindert.

Nutzfahrzeuge

5 Omnibusse

5.1 Platz- und Raumbedarf

5.1.1 Sitzverhältnisse

Bild 5.1 zeigt einen Schnitt durch die Sitzreihe eines ÖNV-Busses. Die Sitzabstände betragen 700 mm. Für den Fahrer ist ein variabler Sitz vorgesehen. Der vertikale Sichtwinkel ist ebenfalls eingezeichnet. In Bild 5.2a ist der Querschnitt des Stadtbusses ÖNV-S 80 dargestellt. Die Fußbodenhöhe beträgt 540 mm.

Der Überlandbus ÖNV-Ü 80 benötigt einen zusätzlichen Kofferraum, der unterhalb des Fußbodens angeordnet ist. Dadurch vergrößert sich die Fußbodenhöhe auf 860 mm. Wegen des hochliegenden Fußbodens lassen sich auch größere Räder unterbringen (Bild 5.2b).

Für den Stadtbus ÖNV-S 80 sind sowohl Sitz- als auch Stehplätze vorgesehen. Um ein Überschreiten der zulässigen Belastung (max. 110 Personen) zu vermeiden, dürfen die Stehflächen nicht zu groß ausgeführt werden. Für den Überlandbus ÖNV-Ü 80 werden nur Sitzplätze angeordnet. Bild 5.3 zeigt die Bestuhlungsanordnung.

Neben diesen für den öffentlichen Nahverkehr verwendeten Bussen stehen die Reisebusse. Hier spielt der Kofferraum eine sehr wichtige Rolle (Bild 5.4). Der Fahrgastraum muß somit noch höher gelegt werden. Dabei ergeben sich Fußbodenhöhen von etwa 900 bis 1300 mm. Die Sitzabstände liegen zwischen 785 mm und 940 mm, wobei die Sitze eine variable Geometrie haben.

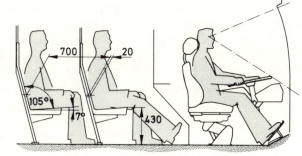

Bild 5.1 Sitzanordnung in einem ÖNV-Bus. Das Sitzraster beträgt 700 mm. Der Fahrersitz ist verstellbar.

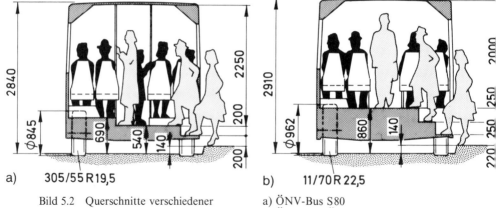

a) 305/55 R 19,5

b) 11/70 R 22,5

Bild 5.2 Querschnitte verschiedener Bustypen

a) ÖNV-Bus S 80
b) ÖNV-Bus Ü 80

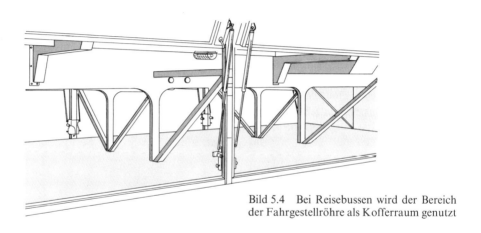

Bild 5.4 Bei Reisebussen wird der Bereich der Fahrgestellröhre als Kofferraum genutzt

5.1.2 Abmessungen des Innenraumes

Für den Innenraum kann der ganze oberhalb des Fahrwerks gelegene Raum genutzt werden. Die Innenraumbreite liegt unterhalb der maximal zulässigen Fahrzeugbreite von 2500 mm. Die Innenraumhöhe ist abhängig von der Art der Beförderung. Sie beträgt bei ÖNV-S-Bussen mit Stehplätzen 2180 mm und wird bei ÖNV-Ü-Bussen auf 2030 mm reduziert. Bei Reisebussen liegen oft nur Höhen von 1900 mm vor. Die Innenraumlänge beträgt bei Normalbussen etwa 11 000 bis 12 000 mm.

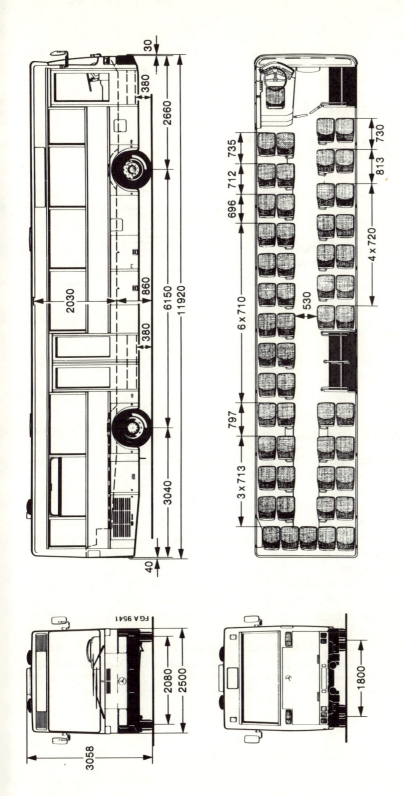

Bild 5.3 Abmessungen eines ÖNV-Busses Ü 80 (Daimler-Benz)

Baugruppe	Gewichtsanteil in %
1. Rohbau Gerippe mit Außenbeblechung	13
2. Ausbau Innenausbau, Kästen, Einstiege, Klappen, Türen, Verglasung, Fußboden, Innenverkleidung	11
3. Fahrwerk Vorderachse, Lenkung, Hinterachse, Räder	14
4. Antrieb Motor, Getriebe, Aggregate	9
5. Ausrüstung Elektrische Ausrüstung, Druckluftausrüstung, Fahrerplatzausrüstung, Bestuhlung, Haltestangen	8
6. Betriebsstoffe Wasser, Motor- und Getriebeöl, Kraftstoff	2
7. Nutzlast Fahrer-, Sitz- und Stehplätze	43
Summe	100

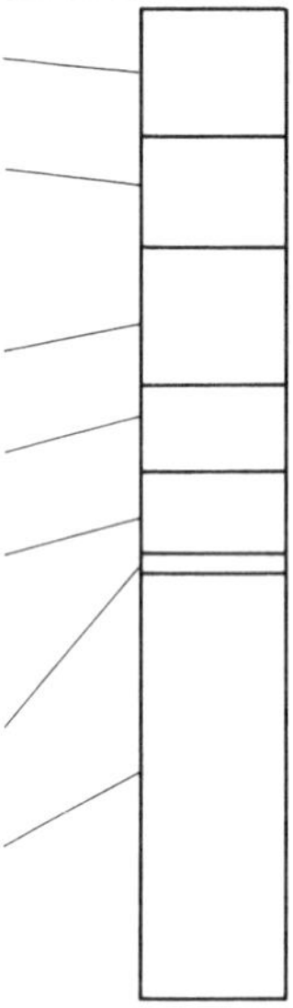

Bild 5.5 Gewichtsverteilung bei einem ÖNV-S80-Bus

5.1.3 Antriebs- und Fahrwerksaggregate

Die Antriebs- und Fahrwerksaggregate befinden sich unterhalb des Fahrgastraumes. Für den Antrieb wird in der Regel ein liegender Heckmotor vorgesehen, der die Hinterachse antreibt (Bild 5.6). Wegen des Überhangswinkels ist eine schräge Einbaulage des Motors erforderlich.

Die Karosserie stützt sich über Luftfedern auf den Fahrwerken ab. Das vordere Fahrwerk kann entweder eine an Lenkern befestigte Starrachse oder aber eine Doppelquerlenkeraufhängung sein. Die Bilder 5.7 und 5.22 zeigen beide Ausführungsmöglichkeiten.

Die Hinterachse ist eine Starrachse, die entweder über 4 Luftfedern oder als Pendelachse über 2 Luftfedern mit der Karosserie verbunden wird. Die restlichen Freiheitsgrade der Achsen werden auch, wie bei der Vorderachse, von Lenkern übernommen (Bild 5.22).

Der Kraftstoffbehälter wird seitlich unterhalb des Fußbodens untergebracht. Bei Reisebussen mit größerem Aktionsradius werden meistens zwei Kraftstoffbehälter vorgesehen. Die Gewichtsanteile eines ÖNV-S80-Busses sind in Bild 5.5 angegeben.

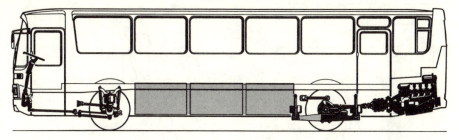

Bild 5.6 Antriebs- und Fahrgestellanordnung bei einem Bus. Der Motor hat eine Vierpunkt-Lagerung. Die Hinterachse besitzt zwei Längslenker und zwei Schräglenker, die Vorderachse drei Längslenker und einen Querlenker. (Daimler-Benz)

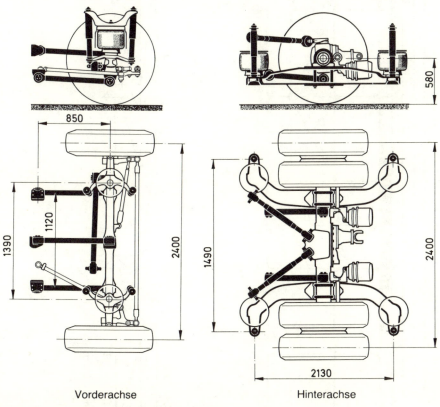

Vorderachse

Hinterachse

Bild 5.7 Luftgefederte Vorderachse und Hinterachse des Busses nach Bild 5.6

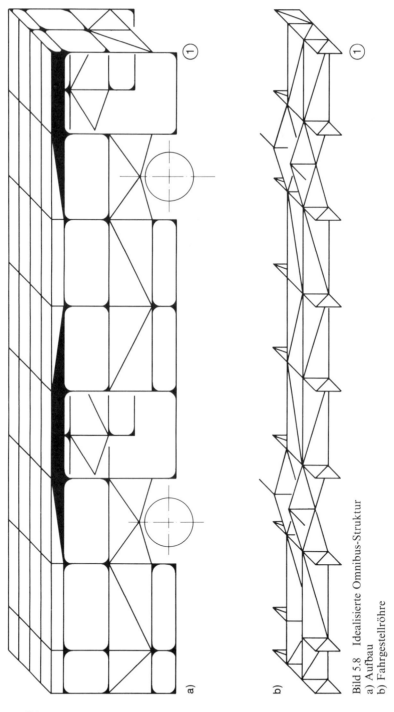

Bild 5.8 Idealisierte Omnibus-Struktur
a) Aufbau
b) Fahrgestellröhre

5.2 Strukturenentwurf

5.2.1 Vordimensionierung

Zunächst sollen die Strukturen, wie sie beim ÖNV-S- bzw. ÖNV-Ü-Bus vorliegen, untersucht werden. Bild 5.8 zeigt die vereinfachte Struktur. Sie besteht aus einer Fahrgestellröhre und einer Aufbauröhre. Die beiden Röhren sind über Querträger gekoppelt (Bild 5.9). Durch die Querträger sind sowohl bei der Biegebelastung als auch bei der Torsionsbelastung Aufbau- und Fahrgestellröhre parallelgeschaltet.

Die Seitenwände der Aufbauröhre bestehen aus dem Seitenwandträger unterhalb der Fensterbrüstung und der Rahmenkonstruktion des Fensterbereiches. Im Fall von geklebten Scheiben hat der Fensterbereich Schubfeldeigenschaften. Auf der Einsteigseite müssen Türen vorgesehen werden, welche die Struktur unterbrechen. In diesen Bereichen besteht die Struktur nur aus Rahmen, die relativ zu einem Fachwerk schubweich sind. Oberhalb der Türrahmen werden deshalb Verstärkungsträger angebracht. Dadurch wird der Türbereich versteift.

Das Dach wird als U-förmiger Träger ausgebildet. Er besteht aus der Dachhaut und Längs- bzw. Querversteifungen.

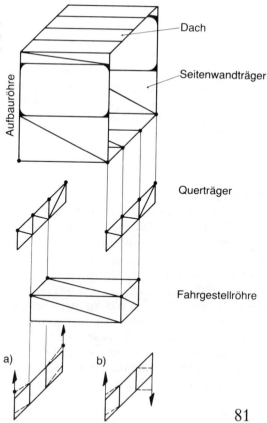

Bild 5.9
Eine Omnibusstruktur kann aufgeteilt werden in Aufbauröhre und Fahrgestellröhre sowie in die «Kopplung» Querträger
a) Die Kopplung bei Biegung
b) Die Kopplung bei Torsion

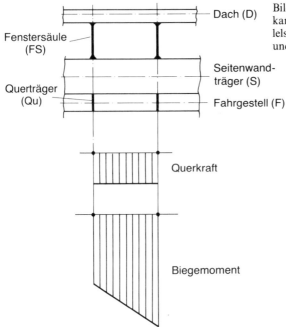

Bild 5.10 Bei nicht geklebten Scheiben kann im Fall der Biegebelastung eine Parallelschaltung von Dachträger, Seitenträger und Fahrgestellträger angenommen werden

Der Boden ist im Bereich der Fahrgestellröhre eine Fachwerkkonstruktion und damit schubsteif. Aufgrund der geklebten Bodenbretter erhält dieser in den Seitenfeldern ebenfalls eine gewisse Schubsteifigkeit.

Die Fahrgestellröhre ist eine reine Fachwerkkonstruktion, die im Heckbereich für das Antriebsaggregat unterbrochen wird. Für die an Lenkern aufgehängten Starrachsen müssen Kröpfungen vorgesehen werden. Bei Einzelradaufhängung (z. B. Doppelquerlenker) entfällt diese Kröpfung.

Biegebelastung
Für die Vordimensionierung kann im Fall von nichtgeklebten Scheiben eine Parallelschaltung des Dachträgers, der Seitenwandträger und der Fahrgestellträger angenommen werden (Bild 5.10). Die Kopplung erfolgt zwischen Seitenwandträgern und Dach durch die Fenstersäulen, zwischen Seitenwandträger und Fahrgestellröhre durch die Querträger.

Für die Zuladung werden 65 kg pro Person angesetzt. Für das Antriebsaggregat (Motor, Getriebe) werden 1000 kg angenommen. Damit ergibt sich eine Belastung nach Bild 5.11. In der Belastung sind auch die Eigengewichte enthalten.

Um die Aufteilung der Belastung auf die einzelnen Träger zu ermitteln, kann im einfachsten Fall angenommen werden, daß eine starre Kopplung vorliegt und damit die Querkraft- und Biegemomentenaufteilung im Verhältnis der Trägheitsmomente erfolgt. Es gilt dann an jeder Stelle (Bild 5.10):

$$M_\mathrm{D}:M_\mathrm{S}:M_\mathrm{F}=J_\mathrm{D}:J_\mathrm{S}:J_\mathrm{F} \tag{5.1a}$$

$$Q_\mathrm{D}:Q_\mathrm{S}:Q_\mathrm{F}=J_\mathrm{D}:J_\mathrm{S}:J_\mathrm{F} \tag{5.1b}$$

mit

$$M_\mathrm{D}+M_\mathrm{S}+M_\mathrm{F}=M \tag{5.2a}$$

$$Q_\mathrm{D}+Q_\mathrm{S}+Q_\mathrm{F}=Q \tag{5.2b}$$

Für eine genaue Beschreibung sind die Elastizitäten der Kopplungsglieder zu berücksichtigen (Bild 5.9). Die Elastizität der Fenstersäulen ist klein relativ zur Elastizität der Querträger. Daher kann mit dem Modell nach Bild 5.11 gerechnet werden. Aufbau und Fahrgestell sind hier über die Querträger elastisch gekoppelt. Mit den so ermittelten Belastungswerten werden die Teilstrukturen, Aufbau und Fahrgestell, für sich alleine untersucht.

Zunächst sollen die Belastungen der Fenster- und Türsäulen berechnet werden. Die nicht durch die Türen unterbrochene Seite des Aufbaus ist eine Parallelschaltung von Dach und Seitenwandträger. Bei der angenommenen starren Kopplung verhalten sich die Belastungen wie die Trägheitsmomente. Die in Bild 5.12a angegebenen Kräfte auf die Seitenwand brauchen also nur mit dem Verhältnis $J_\mathrm{D}/(J_\mathrm{D}+J_\mathrm{S})$ multipliziert werden, um die Zug- bzw. Druckkräfte in den Säulen (Bild 5.12a) zu erhalten. Auf Druck beanspruchte Säulen müssen auf Knickung dimensioniert werden.

Aufgrund der Durchbiegung der Seitenwand sind die Säulen verformt (S-Schlag). Bild 5.13 zeigt eine verformte Säule. Aus der Geometrie ergibt sich die Verformung. Daraus kann die Belastung ermittelt werden:

$$Q=\frac{12\cdot E\cdot J\cdot\Delta}{hs^3} \tag{5.3a}$$

$$M=\frac{Q\cdot hs}{2} \tag{5.3b}$$

Die durch die Türen unterbrochene Seite erweist sich als schwieriger in der Berechnung. In erster Näherung werden die Fenster- und Türsäulenbelastungen aus der vorhergehenden Rechnung übernommen. Durch die Türausschnitte treten aber zusätzliche Kräfte auf. Im Türbereich (z.B. Mitteltür) müssen die Querkraft und das Biegemoment vom Ober- und Untergurt aufgenommen werden. Die Annahme eines S-Schlags in den Gurten und somit eines Biegemomentenverlaufs nach Bild 5.14 führt zu einer einfachen Näherung. Für die Aufteilung der Querkraft gilt:

$$Q_\mathrm{o}:Q_\mathrm{u}=J_\mathrm{o}:J_\mathrm{u} \tag{5.4}$$

mit

$$Q_\mathrm{o}+Q_\mathrm{u}=Q$$

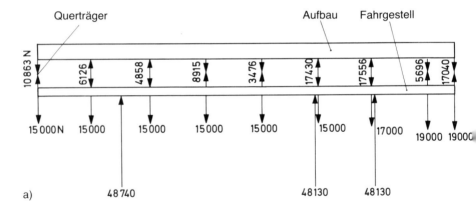

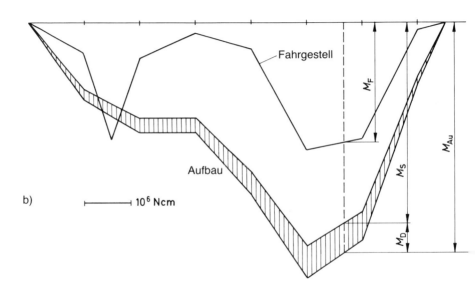

Bild 5.11
a) Parallelschaltung von Dachträger, Seitenwandträger und Fahrgestellträger bei elastischer Kopplung zwischen Fahrgestellträger und Aufbauträger
b) Berechnete Biegemomentenverläufe
c) Berechnete Querkraftverläufe
d) Berechnete Durchbiegung

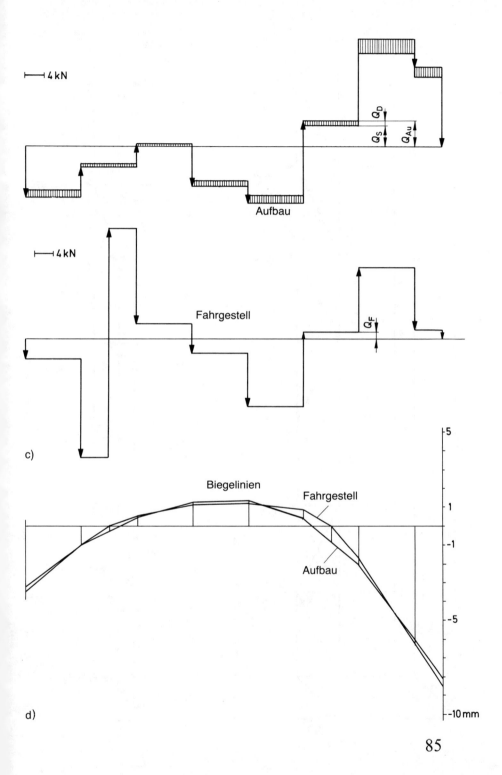

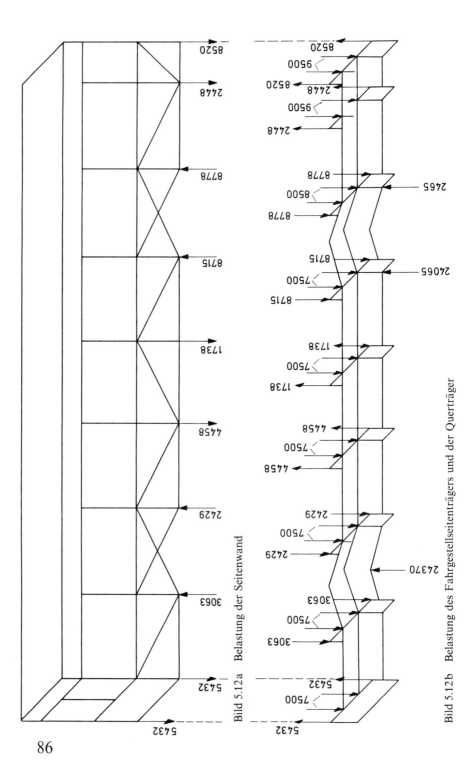

Bild 5.12a Belastung der Seitenwand

Bild 5.12b Belastung des Fahrgestellseitenträgers und der Querträger

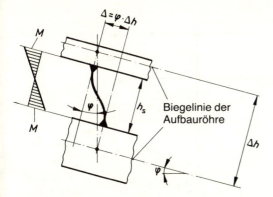

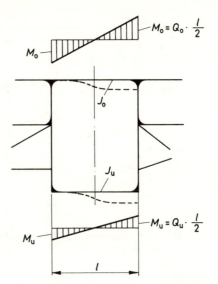

Bild 5.13 Verformte Fenstersäule bei Durchbiegung

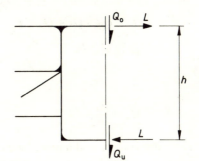

Bild 5.14 Schnittkräfte in Türmitte und Biegemomentenverlauf in Ober- und Untergurt

Somit ist die Biegebeanspruchung in den Gurten:

$$M_o = \frac{Q_o \cdot l}{2} \tag{5.5a}$$

$$M_u = \frac{Q_u \cdot l}{2} \tag{5.5b}$$

Das Biegemoment in Türmitte wird von Längskräften übernommen:

$$L \cdot h = M \tag{5.6}$$

Die gleichen Überlegungen können auch an der Vordertür benutzt werden. Damit ergibt sich für den mittleren Teil eine Belastung nach Bild 5.15. Die Differenz der Längskräfte $(L_1 - L_2)$ muß von den Fenstersäulen abgestützt werden. Hieraus erhält man eine zusätzliche Säulenbelastung in diesem Bereich. Bei den parallelgeschalteten Säulen gilt:

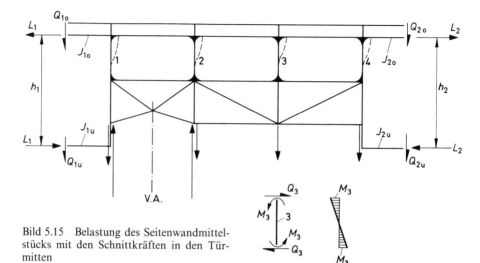

Bild 5.15 Belastung des Seitenwandmittelstücks mit den Schnittkräften in den Türmitten

$$Q_1 : Q_2 : Q_3 : Q_4 = J_1 : J_2 : J_3 : J_4 \tag{5.7}$$

$$Q_1 + Q_2 + Q_3 + Q_4 = L_1 - L_2 \tag{5.8}$$

$$M_1 = \frac{Q_1 \cdot h_S}{2} \tag{5.9}$$

$$\vdots$$

$$M_4 = \frac{Q_4 \cdot h_S}{2}$$

Auch der vordere und hintere Bereich können befreit und hierdurch die restlichen Säulenbeanspruchungen bestimmt werden.

Die Belastung der Seitenwandträger ist aus der Trägerrechnung bekannt (Bild 5.12). Der Querkraft- und Momentenverlauf ist aus Bild 5.11b und 5.11c zu entnehmen. Die Stabkräfte des Seitenwandträgers ergeben sich mit Hilfe der Ritterschen Schnittmethode (Bild 5.16). Für die Schnitte $X_1 - X_1$ und $X_2 - X_2$ gilt:

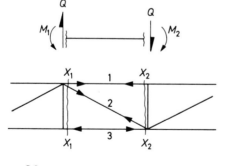

Bild 5.16 Die Stabkräfte eines Biegeträgers können aus der Querkraft Q und Biegemomenten M_1 und M_2 bestimmt werden

$$S_1 \cdot h = M_1 \Rightarrow S_1 = \frac{M_1}{h} \qquad (5.10\,\text{a})$$

$$S_3 \cdot h = M_2 \Rightarrow S_3 = \frac{M_2}{h} \qquad (5.10\,\text{b})$$

$$S_2 \cdot \frac{h}{l_2} = Q \Rightarrow S_2 = Q \cdot \frac{l_2}{h} \qquad (5.10\,\text{c})$$

Mit der gleichen Methode können auch die Stabkräfte in den Fahrgestellseitenträgern bestimmt werden. Die Belastung ist aus Bild 5.12b ersichtlich. Ebenfalls ist aus Bild 5.12b die Querträgerbelastung zu ersehen (siehe auch Bild 5.11).

Torsionsbelastung
Hier können Aufbau und Fahrgestellröhre ebenfalls wie bei der Biegung parallelgeschaltet betrachtet werden. Allerdings verteilt sich das Torsionsmoment nicht im Verhältnis der Torsionsträgheitsmomente, da die Torsionsachsen nicht zusammenfallen. Bild 5.17 zeigt dazu ein Modell. Übernimmt man die vom Fahrgestellrahmen (Abschnitt 6.2.1) abgeleiteten Näherungen, so folgt daraus die einfache Beziehung:

$$M_{tAu} = \frac{M_t \cdot e}{l(1+k_1) + h \cdot n_2 \cdot k_2} \qquad (5.11)$$

mit $\quad k_1 = \dfrac{J_{tF}}{J_{tAu}}, \quad k_2 = \dfrac{J_t}{J_{tAu}}$

J_t repräsentiert dabei die Schubsteifigkeit der Kopplung und h berücksichtigt den Abstand der Torsionsachsen. Für $J_t = 0$ (keine Schubsteifigkeit im Boden) ist dann die Aufteilung entsprechend der Torsionsträgheitsmomente J_{tAu} bzw. J_{tF}. Bei vorhandener Schubsteifigkeit im Boden ($J_t > 0$) werden M_{tAu} und M_{tF} kleiner als im vorher angenommenen Sonderfall. Die Kopplung versteift also die Gesamtstruktur. Im folgenden soll angenommen werden, daß das Moment sich zu je 50% auf die Aufbauröhre und die Fahrgestellröhre verteilt. Die Schubbelastung der Aufbauröhre, die sich aus der Torsion mit M_{tAu} ergibt, ist in Bild 5.18 angegeben. ΔF_{Au} wird nur an den jeweiligen Querträgern neben den Achsen angenommen. Der Mantelschubfluß q_M folgt aus der Bredtschen Formel:

$$q_M = \frac{\Delta F_{Au} \cdot l}{2 \cdot A_{Au}} \qquad (5.12)$$

Damit ergeben sich die Säulenbeanspruchungen in der Seitenwandebene (Bild 5.19a):

$$Q_1 : Q_2 : \ldots : Q_9 = J_1 : J_2 : \ldots : J_9 \qquad (5.13)$$

mit $\quad Q_1 + Q_2 + \ldots + Q_9 = Q = q_M \cdot l_{Au}$

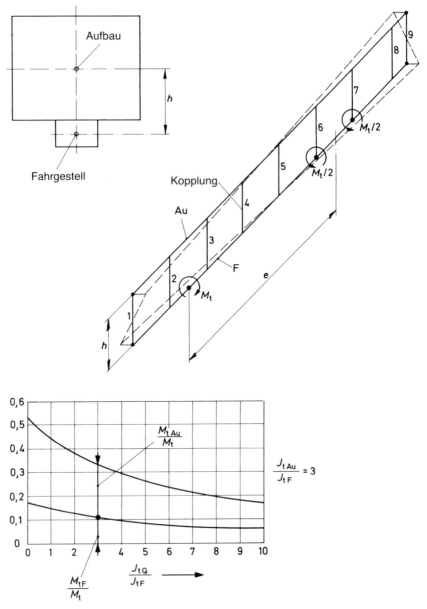

Bild 5.17 Modell zur Erklärung der Kopplung zwischen Fahrgestellröhre und Aufbauröhre bei Torsionsbelastung

Bild 5.18
a) Die Aufbauröhre wird bei Torsionsbelastung mit den Kräften ΔF_{Au} belastet. Daraus ergeben sich die Schubflüsse in den einzelnen Flächen.

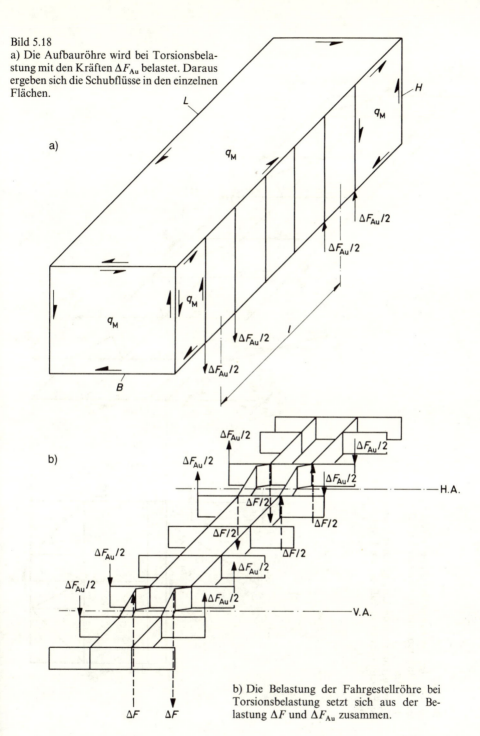

b) Die Belastung der Fahrgestellröhre bei Torsionsbelastung setzt sich aus der Belastung ΔF und ΔF_{Au} zusammen.

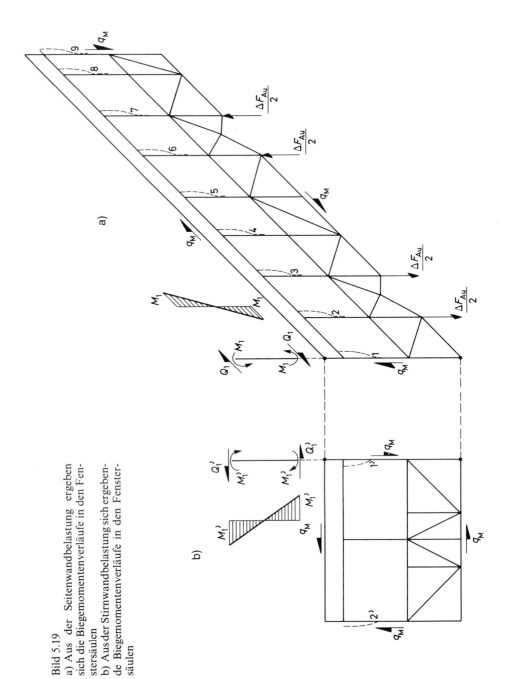

Bild 5.19
a) Aus der Seitenwandbelastung ergeben sich die Biegemomentenverläufe in den Fenstersäulen
b) Aus der Stirnwandbelastung sich ergebende Biegemomentenverläufe in den Fenstersäulen

Die maximalen Momente in den Säulen sind dann:

$$M_1 = \frac{Q_1 \cdot hs}{2}$$
$$\vdots \qquad (5.14)$$
$$M_9 = \frac{Q_9 \cdot hs}{2}$$

Aus Bild 5.18 ersieht man, daß alle Teilflächen auf Schub belastet sind, also auch die Stirnwandebene. Die Säule 1 ist Teil dieser Ebene und wird hier auch auf Biegung belastet (Bild 5.19b):

$$Q_1' = Q_2' = \frac{q_M \cdot B}{2} \qquad (5.15)$$

$$M_1' = \frac{Q_1' \cdot hs}{2} \qquad (5.16a)$$

$$M_2' = \frac{Q_2' \cdot hs}{2} \qquad (5.16b)$$

Damit ergibt sich für die Säule 1 eine Belastung in zwei Ebenen.

In den vorhergehenden Überlegungen wurden Biegung und Torsion getrennt betrachtet. Im realen Fall treten beide Beanspruchungen zusammen auf. Die Belastungen aus Biegung und Torsion sind also zu überlagern.

Die Vordimensionierung beschäftigt sich in der Hauptsache mit der Dimensionierung der Fenster- und Türsäulen, die auch die größten Beanspruchungen aufweisen. Ebenfalls können die Fachwerkstäbe der Seitenwände und Fahrgestellträger vorab dimensioniert werden. Die Berechnung der Gesamtstruktur wird in Abschnitt 5.5 behandelt.

5.2.2 Entwurf der Trägerstruktur

Die im vorigen Abschnitt betrachtete Struktur wurde stark vereinfacht. Unter Berücksichtigung des Motoreneinbaus sowie der Anbringung der Fahrwerke muß insbesondere der Fahrgestellträger in seiner Form abgeändert werden (Bild 5.20).

Für Fachwerkfelder gilt, daß die Diagonalstäbe nicht zu flach verlaufen sollen, d.h., das Höhen-Breiten-Verhältnis soll nahe bei 1 liegen. Bei sehr kleinen Höhen-Breiten-Verhältnissen ergeben sich zu große Stabkräfte. Damit wächst auch die Knickgefahr bei den Stäben. Die seitlichen Felder der Fahrgestellröhre sind also zu verkleinern, was zu einer großen Zahl von Feldern führt. Die im Bodenbereich befindlichen Felder brauchen nicht verkleinert werden.

Zur Aufnahme der Luftfederkräfte werden an der Hinterachse die Querträger verstärkt ausgeführt. An der Vorderachse befindet sich je Seite nur eine Luftfeder. Die Abstützung erfolgt über Konsolen, die an den Längsträgern befestigt sind. Die eingeleiteten Kräfte gehen daher zunächst in die Längsträger, ehe sie dann von den in diesem Bereich liegenden Querträgern abgestützt werden.

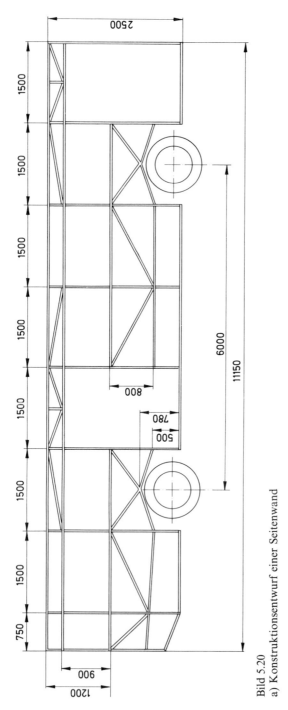

Bild 5.20
a) Konstruktionsentwurf einer Seitenwand

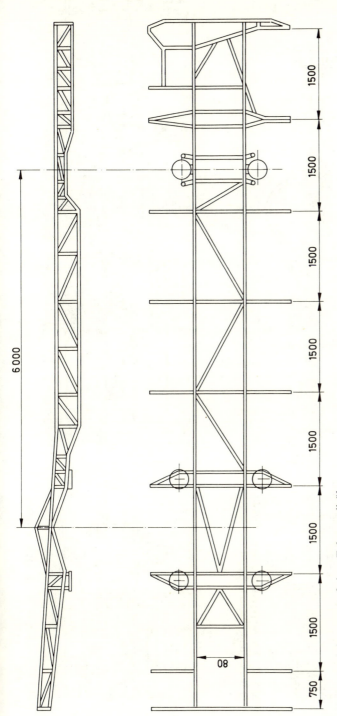

b) Konstruktionsentwurf einer Fahrgestellröhre

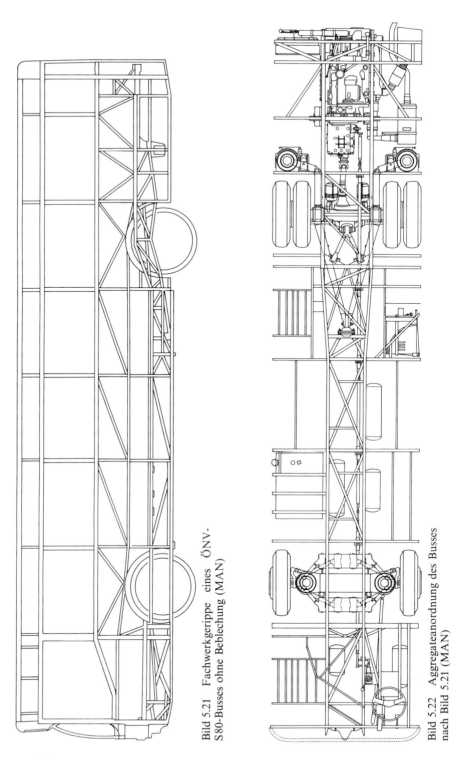

Bild 5.21 Fachwerkgerippe eines ÖNV-S80-Busses ohne Beblechung (MAN)

Bild 5.22 Aggregateanordnung des Busses nach Bild 5.21 (MAN)

Bild 5.21 zeigt das Gerippe eines ÖNV-Busses. Das Dach und die Seitenwände sind noch nicht beplankt.

Das Fahrgestell ist in Bild 5.22 zu sehen. Die Vorderachse hat eine Einzelradaufhängung über Doppelquerlenkern. Die Hinterachse ist eine Pendelachse. Die Stützpunkte der Luftfedern befinden sich am Fahrgestellrahmen.

Der im Heck befindliche Motor treibt die Hinterachse an. Der Kraftstoffbehälter ist hinter der Vorderachse angebracht. Für die Getriebeschaltung läuft ein Schaltgestänge vom Vorderwagen bis zum im Hinterwagen liegenden Getriebe.

5.3 Konstruktion der Karosserie unter Berücksichtigung der Fertigung

Die Fachwerkstäbe sind kaltgezogene Vierkant-Hohlprofile mit den Abmessungen $40 \times 40 \times (2\ldots 3)$. Für die Rahmen werden größere Querschnitte verwendet. Bei gleicher Breite von 40 mm liegen die Höhen zwischen 60 und 80 mm. Die Wandstärken betragen ebenfalls 2 bis 3 mm. Im Bereich der Fensterrahmen kommen häufig Sonderprofile zum Einsatz.

Die Hohlprofile werden stumpf aneinandergeschweißt. Vor dem Schweißen müssen die Schrägen angebracht werden (Bild 5.23). An den Knoten treten oft große Biegemomente auf. Daher ist in hoch beanspruchten Bereichen eine

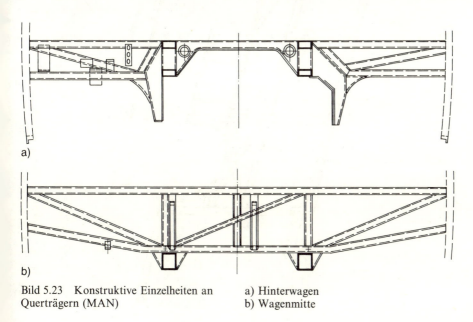

Bild 5.23 Konstruktive Einzelheiten an Querträgern (MAN)
a) Hinterwagen
b) Wagenmitte

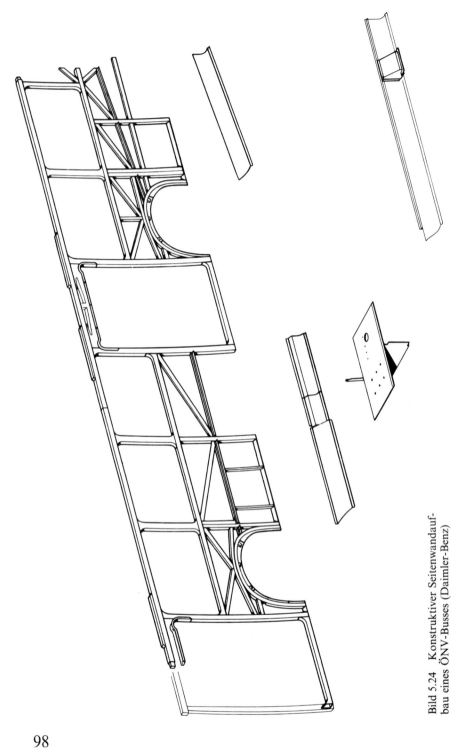

Bild 5.24 Konstruktiver Seitenwandaufbau eines ÖNV-Busses (Daimler-Benz)

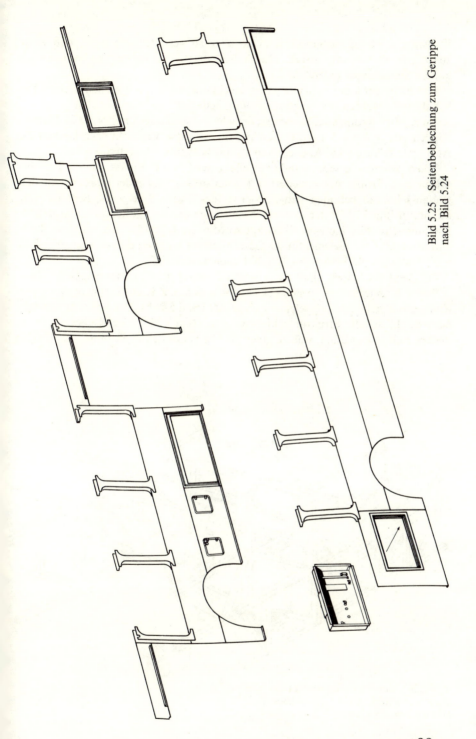

Bild 5.25 Seitenbeblechung zum Gerippe nach Bild 5.24

Knotenverstärkung zu empfehlen, die aber so gestaltet sein muß, daß keine zusätzliche Versteifung entsteht. Durch diese zusätzliche Versteifung können noch höhere Spannungen auftreten.

Für die Felder kann auch eine Schubblechkonstruktion vorgesehen werden. Die Schubbleche werden mit Nahtschweißung befestigt.

An Krafteinleitungsstellen werden örtliche Verstärkungen in Form von Platten, Rippen oder ganzen Kästen eingeschweißt. An diese Verstärkungen können die Aggregate (Fahrwerke, Antriebseinheit) mit Schrauben befestigt werden.

Bild 5.24 zeigt die Seitenwand (Türseite) eines ÖNV-Ü-Busses. Für die Fenstersäulen sind Profile mit erweiterten Knotenstößen verwendet worden. An den Radausschnitten befinden sich Sonderprofile. Bild 5.25 zeigt die Beplankungsbleche. In Bild 5.26 ist der Vorderachsenbereich der Fahrgestellröhre dargestellt. Die angeschweißte Konsole überträgt sowohl die Luftfeder- als auch die Stoßdämpferkräfte. Ein Beispiel für die Gestaltung der hinteren Längsträger zeigt Bild 5.27. Hier sind die Felder mit Schubblechen ausgesteift.

Die Fensterscheiben sind im Normalfall mit Einfaßgummi eingesetzt (Bild 5.28a). Ein anderes Prinzip sind geklebte Scheiben. Die Klebenaht wird dabei von einem zusätzlichen Abstützelement eingefaßt (Bild 5.28b). Die Scheiben können auch direkt auf die Struktur geklebt werden (Bild 5.28c). Die Klebenaht ist in diesem Fall relativ dünn, was zu einer großen Schubsteifigkeit führt.

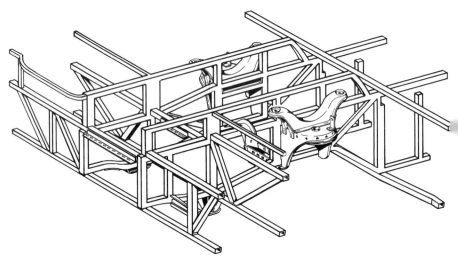

Bild 5.26 Konstruktiver Aufbau des Vorderachsenbereichs eines ÖNV-Busses (Daimler-Benz)

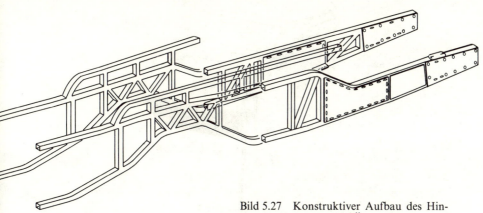

Bild 5.27 Konstruktiver Aufbau des Hinterachsenbereichs eines ÖNV-Busses (Daimler-Benz)

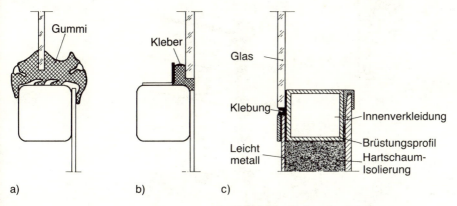

Bild 5.28 Einbau der Scheiben
a) mit Einfaßgummi
b) geklebt an Hilfsleiste
c) direkt an das Gerippe geklebt

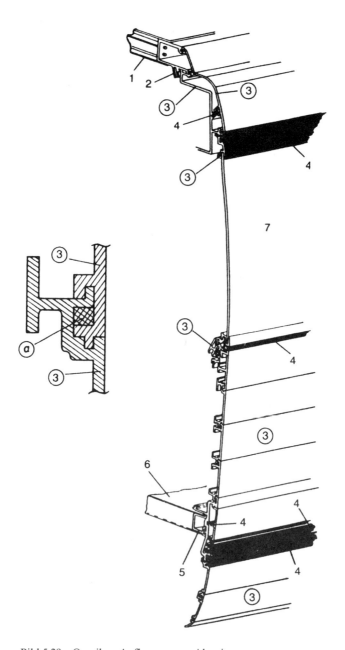

Bild 5.29 Omnibus-Aufbau aus Aluminiumstrangpreßprofilen. Die Längsträger werden ineinandergehängt und der Zwischenraum mit einem Zweikomponentenkleber ausgefüllt. (Aluminium-Zentrale)

5.4 Zukünftige Konzepte

Die zuvor behandelten Stahlgerippe-Stahlblech-Bauweisen haben folgende Vorteile:

☐ Leichtbauweise, die gut an die vorliegenden Beanspruchungsverhältnisse angepaßt werden kann (z.B. Krafteinleitungen am Fahrgestellträger).
☐ Variable Abmessungen, insbesondere Bauhöhen, einfach möglich.
☐ Gute Reparatureigenschaften hinsichtlich örtlicher Beschädigungen (z.B. Auswechseln von beschädigten Bereichen durch Ausschneiden und Einschweißen).

Demgegenüber stehen folgende Nachteile:

☐ Es ist eine große Zahl von Einzelteilen erforderlich; damit verbunden hohe Herstellungskosten.
☐ Durch Schweißen bedingt, kann nur eine niedrige zulässige Spannung angesetzt werden; auch für die Qualitätssicherung (Ausführung der Schweißung) muß ein erheblicher Aufwand erbracht werden.

Parallel zur Stahlgerippe-Stahlblech-Bauweise werden Lösungen angeboten, die auf die Verwendung von Aluminiumbauteilen ausgerichtet sind. Ein erster Schritt ist die Beplankung mit aufgeklebten Aluminiumblechen (Bild 5.28c).

Für eine weitere Verwendung von Aluminium bietet sich die gesamte Aufbauröhre an. Diese wird entweder mit einem Stahlrohrgitter-Fahrgestell oder einem beliebigen anderen Fahrgestell verbunden. Um die Vorteile von Aluminium voll ausnützen zu können, muß das Konstruktionsprinzip von Fachwerkbauweise auf Schalenbauweise umgestellt werden. Aufgrund der für Aluminium möglichen Profilpreßtechnik können große Strukturbereiche aus einem Element hergestellt werden, was eine Verringerung der Fertigungszeiten und – damit verbunden – niedrigere Fertigungskosten bedeutet.

Die Verbindung der einzelnen Elemente erfolgt durch Schrauben oder Kleben (Bild 5.29). Der Trägeraufbau unterhalb der Fensterbrüstung erhöht die passive Sicherheit. Bild 5.30 zeigt einen Gewichtsvergleich zwischen Stahlgerippebauweise und Aluminiumprofilbauweise für eine Seitenwand.

Für die Gestaltung des Bodenbereichs kommen ebenfalls Aluminiumprofile in Betracht. Der Boden besteht in Bild 5.31 aus verhakten Längsprofilen, die durch Füllstücke verkeilt werden. Unter dem Boden befinden sich angeschweißte Querträger.

Letztlich bietet sich die Aluminiumprofilbauweise auch beim Fahrgestellrahmen an. Die Fahrgestellröhre kann entweder aus mehreren offenen Profilen zu einem Kasten zusammengesetzt werden oder aber aus einem Teil bestehen (Bild 5.32). Die Tragefunktion wird sich dabei auf die Biegung beschränken. Bei dem ÖNV-S-Bus mit einer Fahrgestellhöhe von nur noch 540 mm dürfte diese Möglichkeit Vorteile bringen.

Insbesondere für die Dachkonstruktion bietet sich die Sandwichbauweise an. Allerdings ist auch eine komplette Sandwichbauweise möglich, wie sie augenblick-

Gerippebauweise, Stahl			Profilbauweise, Aluminium	
Bauteil		Metergewicht [kg/m]	Bauteil	Metergewicht [kg/m]
Fensterpfosten		1,9	Fensterpfosten	1,3
Längsabstand 1400 mm			Längsabstand 1400 mm	
Fensteruntergurt		1,8		
Diagonale		1,4		
Beblechung (beide Felder)		8,2	preßtechnisch minimale Wanddicke $d = 2{,}7$ mm	
Mittelgurt		1,8		
Pfosten (beide Felder)		2,0		
Saumprofil		1,8	Wandfeld gesamt	13,3
Summe		18,9	Summe	14,6

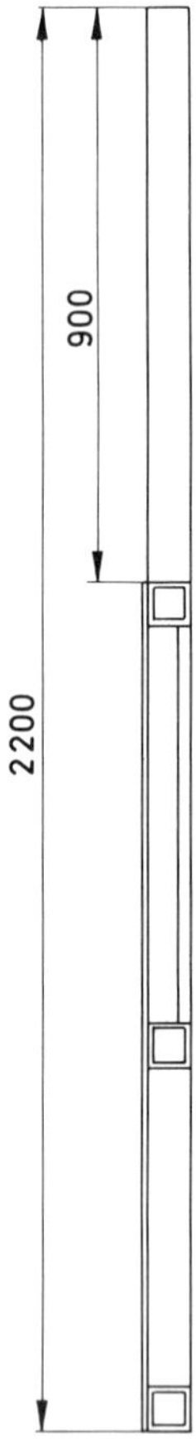

Bild 5.30 Gewichtsvergleich von Stahlgerippebauweise und Aluprofilbauweise (MAN)

lich für ein schienengebundenes Fahrzeug entwickelt wird (Bild 5.33). In ein zunächst zusammengefügtes Tragegerüst werden die Sandwichelemente eingeklebt. Dadurch entsteht eine einfache und übersichtliche Schubfeldkonstruktion.

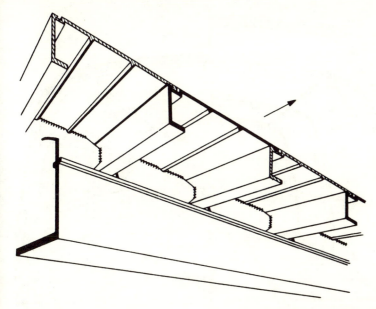

Bild 5.31 Aus Strangpreßprofilen bestehender Boden eines Omnibusses in Profilbauweise (Aluminium-Zentrale)

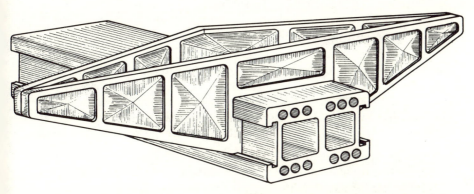

Bild 5.32 Fahrgestellröhre aus einem kaltpreßgeschweißten Strangpreßprofil mit verkeilten Querträgern (Aluminium-Zentrale)

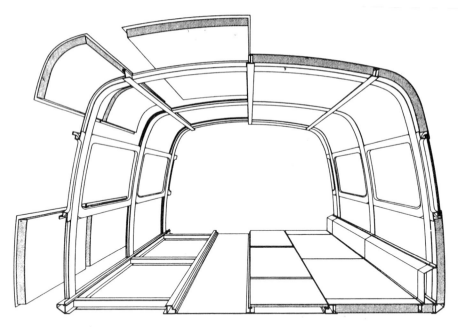

Bild 5.33 Kombinierte Gerippe-Sandwich-
bauweise einer Aufbauröhre (MAN)

5.5 Berechnung

Die Rechnung soll vor allen Dingen dazu benutzt werden, durch Varianten zu optimalen Konstruktionen zu gelangen. Letztlich ist aber der Betriebslastversuch maßgebend. Eine Konstruktionsfreigabe alleine aufgrund rechnerischer Ergebnisse ist kaum möglich. Zunächst müssen die Lasten, mit denen zu rechnen ist, bekannt sein. Wichtige Lastfälle, die auch dynamisch auftreten können, sind:

☐ Vertikalkräfte (Biegung)
☐ Torsionsmomente infolge Fahrbahnunebenheiten
☐ Seitenkräfte bei Kurvenfahrt
☐ Längskräfte beim Anfahren und Bremsen

Die Frage nach dem Zusammenwirken dieser Lasten ist schwer zu beantworten. Daher haben sich aus der Erfahrung heraus bestimmte statische (und dynamische) Lastfälle ergeben, die der Berechnung zugrunde gelegt werden. Hinzu kommen noch Belastungen, die bei Kollision auftreten. Ähnlich wie bei Pkw-Konstruktionen sind Vorschriften in Bearbeitung, die sicherstellen, daß bei bestimmten Aufprallbedingungen im Bug- und Heckbereich keine großen Strukturschäden

Bild 5.34 Verformte Omnibus-
karosserie durch Seiteneindrückung in Dachhöhe

auftreten. Ebenso ist ein Flankenschutz durch eine verstärkte Seitenträgerstruktur anzustreben.

Ein kritischer Unfall ist das seitliche Kippen des Fahrzeugs, wobei u. U. nur punktförmige Belastungen auftreten (Bild 5.34). Die Dachstruktur kann dabei relativ zum unteren Wagenbereich erheblich verschoben werden.

Für die Berechnung der Struktur muß (auch bei der Finite-Elemente-Methode) eine Idealisierung der Struktur vorgenommen werden. Insbesondere ist zu entscheiden, welche Strukturbereiche in bestimmten Lastfällen als «tragend» anzusehen sind. Die Beblechung des Dachs wird als «tragend» angenommen. Dagegen wird die Seitenwandbeblechung wegen der vorhandenen Diagonalstäbe, die schon zu einer großen Steifigkeit führen, meist nicht berücksichtigt.

Mit der so idealisierten Struktur können statische und dynamische Rechnungen durchgeführt werden. Bild 5.35 zeigt die Verformung einer Omnibusstruktur bei Torsionsbelastung. Die Rechnung wurde mit der Finite-Elemente-Methode gemacht.

Die Analyse der Struktur erfolgt mit den gleichen Methoden wie bei einer Pkw-Karosserie Für die Berechnung bei dynamischer Beanspruchung werden punktförmige Massen angenommen. Mit Hilfe der Kondensationsmethode erhält man eine reduzierte Anzahl diskret verteilter Massen (Bild 5.36). Für die Antriebseinheit wird dabei z. B. nur eine Masse berücksichtigt. Mit dieser Methode sind Aussagen bei Frequenzen bis ca. 30 Hz möglich. Bei einem gegebenen dynamischen Belastungskollektiv werden also hohe Frequenzen nicht in die Rechnung mit einbezogen.

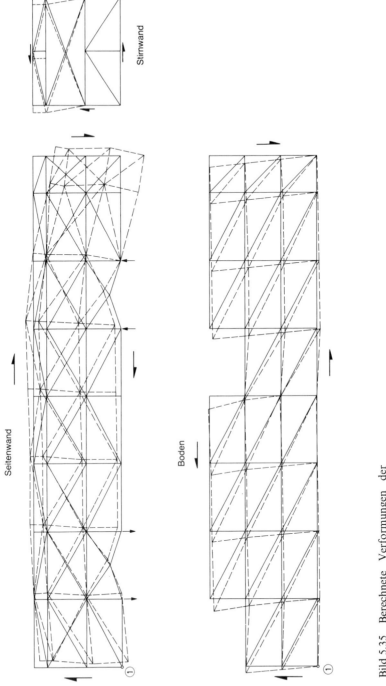

Bild 5.35 Berechnete Verformungen der Seitenwand und des Bodens eines Omnibusses bei Torsionsbelastung. Die Belastungskräfte wurden mit der Methode der Kantenkräfte bestimmt.

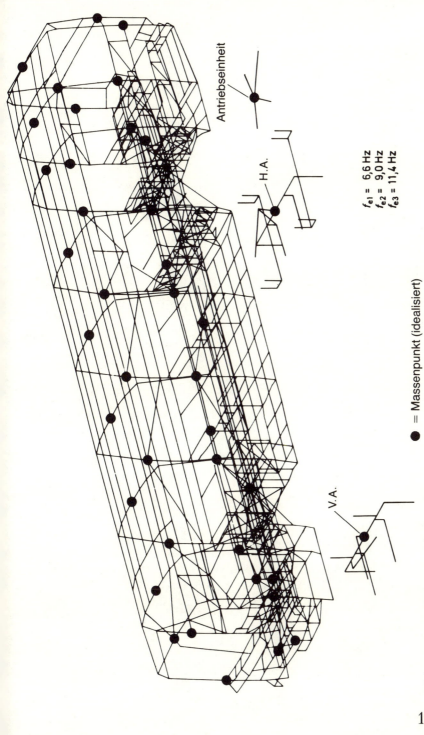

Bild 5.36 Dynamisches Modell einer Omnibusstruktur mit «kondensierten» Massen (Daimler-Benz)

6 Lkw-Aufbauten und Fahrgestellrahmen

6.1 Platz- und Raumbedarf bei Lkw

Ein Lkw besteht aus den Elementen

☐ Fahrgestellrahmen
☐ Fahrerhaus
☐ Kasten- bzw. Pritschenbau

Bild 6.1 zeigt die Anordnung dieser Elemente. Der Fahrgestellrahmen ist die zentrale Einheit. An ihm befestigt sind die Achsen und der Antriebsstrang sowie der Kraftstofftank und alle Nebenaggregate. Oberhalb des Fahrgestellrahmens sind das Fahrerhaus und der Aufbau angebracht. Fahrerhaus und Aufbau werden mittels Schraubenverbindung auf dem Fahrgestellrahmen befestigt. Durch die Trennung der drei Elemente ist eine große Typenvielfalt möglich. Es wird zwischen Pritschen-, Kasten- und Sonderaufbauten unterschieden. Bild 6.1a zeigt die Abmessungen eines Lkw. Die Aufteilung der Gewichte ist in Bild 6.1b angegeben.

6.1.1 Fahrerhausabmessungen bei Lkw

Man unterscheidet zwischen Haubenfahrerhaus und Frontlenkerfahrerhaus (Bild 6.2). Beim Haubenfahrerhaus befindet sich die Antriebseinheit (Motor, Getriebe) zum Teil vor dem Fahrerhausinnenraum. Beim Frontlenkerfahrerhaus sitzt der Motor entweder unterhalb des Fahrerhauses oder aber ragt ins Fahrerhaus zwischen Fahrer- und Beifahrersitz hinein. Die Zugänglichkeit wird durch Kippen erreicht.

Für die Sichtverhältnisse und Sitzpositionen des Fahrers gelten die gleichen Überlegungen wie beim Pkw. Allerdings ist die Sitzposition hier im Hinblick auf einen Arbeitsplatz ausgelegt. So erlaubt die Gestaltung des Sitzes eine größtmögliche Veränderung der Körperlage (Bild 6.3).

Aus der Sitzanordnung ergeben sich die Abmessungen des Fahrerhauses, wobei der Abstand der Sitzfläche vom Dach etwa 900 bis 1100 mm beträgt. Die Höhe des Hüftpunktes oberhalb des Fußbodens liegt zwischen 400 und 500 mm. Die Fahrerhauslänge ist etwa 1600 mm. Bei Fahrerhäusern mit einer zweiten Sitzreihe bzw. Ruheliegeraum vergrößert sich die Länge um ungefähr 600 mm.

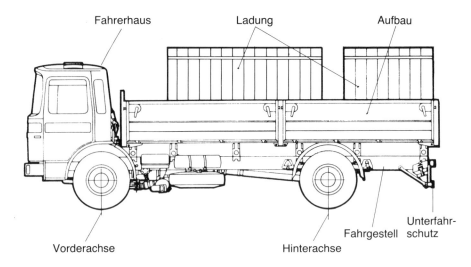

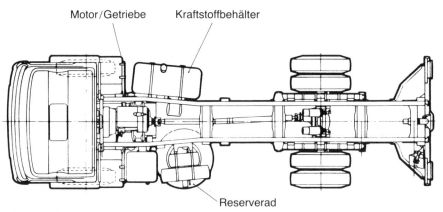

Bild 6.1 Anordnung der Baugruppen und Anbauteile bei einem Pritschen-Lkw (MAN)

6.1.2 Aufbauabmessungen bei Lkw

Die maximal zulässige Breite eines Fahrzeugs ist 2500 mm, die maximal zulässige Höhe 4000 mm. Die maximal mögliche Aufbauhöhe ergibt sich danach aus der maximal zulässigen Höhe und der Fahrgestellhöhe, zu der noch die Höhe des Hilfsrahmens addiert werden muß.

Die maximal zulässige Fahrzeuglänge ist 12000 mm. Abzüglich der Fahrerhauslänge ergibt sich daraus die maximal mögliche Aufbaulänge.

Bild 6.1a zeigt für die Konstruktion wichtige Maße. Insbesondere die Aufbaulage relativ zu den Achsen spielt eine große Rolle für die Lastverteilung und muß daher besonders gut überlegt sein.

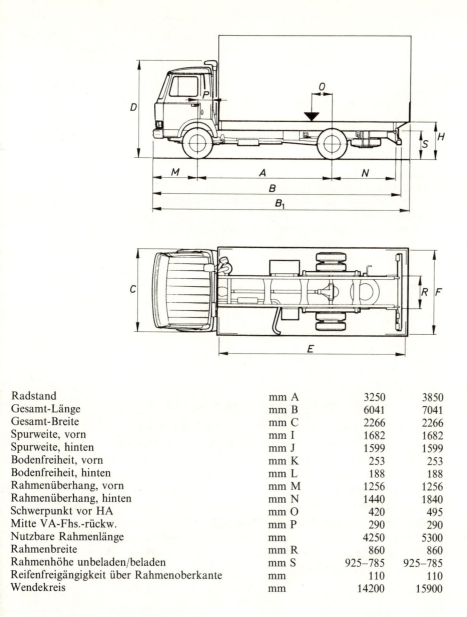

Radstand	mm A	3250	3850
Gesamt-Länge	mm B	6041	7041
Gesamt-Breite	mm C	2266	2266
Spurweite, vorn	mm I	1682	1682
Spurweite, hinten	mm J	1599	1599
Bodenfreiheit, vorn	mm K	253	253
Bodenfreiheit, hinten	mm L	188	188
Rahmenüberhang, vorn	mm M	1256	1256
Rahmenüberhang, hinten	mm N	1440	1840
Schwerpunkt vor HA	mm O	420	495
Mitte VA-Fhs.-rückw.	mm P	290	290
Nutzbare Rahmenlänge	mm	4250	5300
Rahmenbreite	mm R	860	860
Rahmenhöhe unbeladen/beladen	mm S	925–785	925–785
Reifenfreigängigkeit über Rahmenoberkante	mm	110	110
Wendekreis	mm	14200	15900

Bild 6.1a Hauptmaße eines Lkw der mittleren Klasse (Iveco Magirus)

Baugruppe	Gewichtsanteil in % Typ 16.240 F
1. Rohbau Fahrzeugrahmen, Fahrerhaus-Rohbau	6,9
2. Fahrwerk Vorderachse, Lenkung, Hinterachse, Federn	14,9
3. Antrieb Motor, Kupplung, Getriebe, Gelenkwellen, Aggregate	8,0

4. Ausrüstung
    Elektrische Ausrüstung, Druckluftausrüstung
    Fahrerhaus-Ausrüstung, Kraftstoffanlage, Werkzeug
	4,4

5. Betriebsstoffe Wasser, Motor- und Getriebeöl, Kraftstoff	1,7
6. Aufbau Aufbaurahmen, Brücke bzw. Mulde	7,5
7. Nutzlast Fahrer, Nenn-Nutzlast	56,6
Summe	100,0

Bild 6.1 b Gewichtsverteilung eines Lkw
der mittleren Klasse

6.1.3 Antriebs- und Fahrwerksaggregate bei Lkw

Die äußere Geometrie des Fahrgestellrahmens ist von der Größe und Anordnung der Fahrwerks- und Antriebsaggregate abhängig. Für Lkw kommen fast nur Starrachsen in Betracht (Bild 6.4). Die Starrachsen werden entweder über Blattfedern oder aber auch über Luftfedern mit dem Fahrgestellrahmen verbunden. Für die Verbindungsstellen sind am Rahmen Konsolen vorgesehen. Um zu niedrigen Fahrgestellhöhen zu kommen, werden die Längsträger häufig gekröpft ausgeführt.

Der Antriebsstrang ist in den Fahrgestellrahmen längs eingebaut (Bild 6.5). Durch die Schräglage wird eine gradlinige Verbindung zwischen Motor und Hinterachse erreicht. Die Lagerung des Motors erfolgt auf Konsolen über Silentblöcke (4-Punkt-Lagerung).

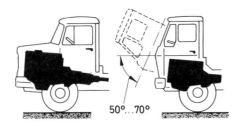

Bild 6.2 Verschiedene Ausführungsarten von Fahrerhäusern

Bild 6.3 Sitz- und Sichtverhältnisse in einem Lkw-Fahrerhaus

Bild 6.4 Vorderachse (a) und Hinterachse (b) eines Lkw (Daimler-Benz)

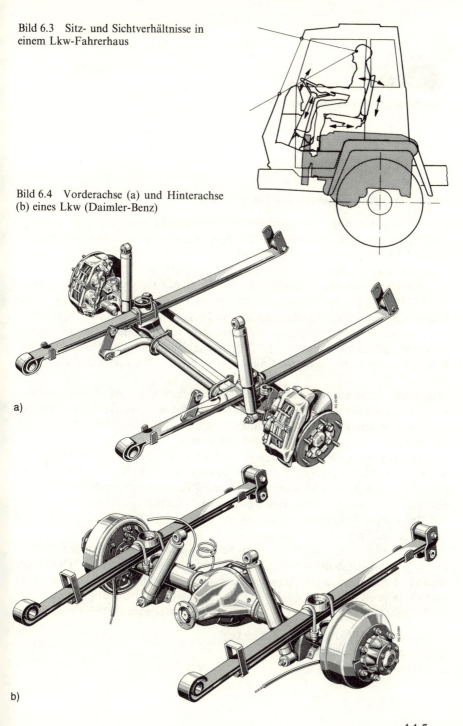

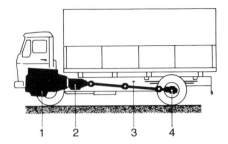

Bild 6.5 Antriebsanordnung in einem Lkw

1 2 3 4

6.2 Fahrgestellrahmen

6.2.1 Vordimensionierung der Fahrgestellrahmen

Für die Konstruktion wird die Leiterrahmenbauweise angewandt. Fahrgestellrahmen können torsionsweich und torsionssteif ausgeführt werden (Bild 6.6). In beiden Fällen sind die Träger biegesteif.

Bei torsionsweichen Fahrgestellrahmen bestehen die Längsträger aus U-Profilen. Die Querträger sind meist Hutprofile, an den Enden ebenfalls U-Profile. Diese «offenen» Profile haben ein relativ kleines Torsionsträgheitsmoment J_t. Die Biegeträgheitsmomente J sind dagegen groß. Torsionsweiche Rahmen übernehmen einen Teil der Federung (Bild 6.6), da Blattfedern nicht immer den erforderlichen Federweg erbringen können. Die Verwindungsfähigkeit des torsionsweichen Rahmens sorgt dafür, daß die Räder bei großen Unebenheiten nicht abheben können.

In Verbindung mit verwindungsweichen Pritschenaufbauten ergeben sich nur kleine Veränderungen der Torsionsweichheit. Dagegen können in Verbindung mit Kastenaufbauten, die nicht verwindungsfrei am Fahrgestellrahmen befestigt sind, Verringerungen der Torsionsweichheit eintreten.

Bei torsionssteifen Rahmen bestehen die Längs- und Querträger aus Hohlprofilen. Diese geschlossenen Profile besitzen sowohl ein großes Torsionsträgheitsmoment J_t als auch große Biegeträgheitsmomente J. Bei Bodenunebenheiten bleibt der Rahmen weitestgehend eben. Dadurch wird der Aufbau nur mäßig beansprucht. Für das Fahrwerk sind langhubige Federn erforderlich. Hierzu sind zylindrische Schraubenfedern besonders geeignet.

Im folgenden sollen nur torsionsweiche Fahrgestellrahmen behandelt werden. Bei Biegebelastung stellt der Rahmen einen Träger auf zwei Stützen dar. Der Träger wird aus den beiden Längsträgern des Rahmens gebildet (Bild 6.7). Die Blattfedern sind als Wippen befestigt. Somit ist der Träger statisch bestimmt gelagert.

Die Belastung setzt sich in der Hauptsache aus folgenden Anteilen zusammen:

- ☐ Aufbau mit Hilfsrahmen und Nutzlast
- ☐ Fahrerhaus und Fahrer (Beifahrer)
- ☐ Antriebseinheit
- ☐ Kraftstoffbehälter
- ☐ Rahmeneigengewicht

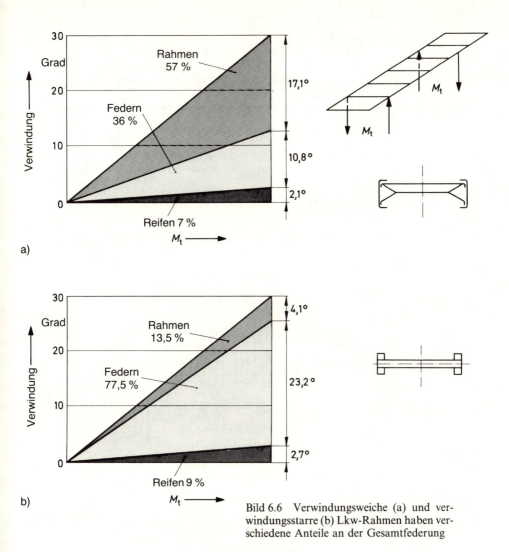

Bild 6.6 Verwindungsweiche (a) und verwindungsstarre (b) Lkw-Rahmen haben verschiedene Anteile an der Gesamtfederung

Bild 6.7 zeigt den Biegemomenten- und Querkraftverlauf sowie die Biegelinie. Die Querträger bleiben bei dieser symmetrischen Belastung kräfte- und momentenfrei. Für die Ermittlung der Biegelinie wurde angenommen, daß der Aufbau nicht mitträgt und die Aufbaubelastung sich gleichmäßig auf den Rahmen verteilt.

Torsionsbelastung entsteht, wenn das Fahrzeug auf unebener Fahrbahn steht (Bild 6.8). Sie wird der Biegebelastung überlagert. Für eine vorgegebene Unebenheit Δh ergibt sich das über die Vorderachse in den Rahmen eingeleitete Moment aus folgender Überlegung (Bild 6.8):

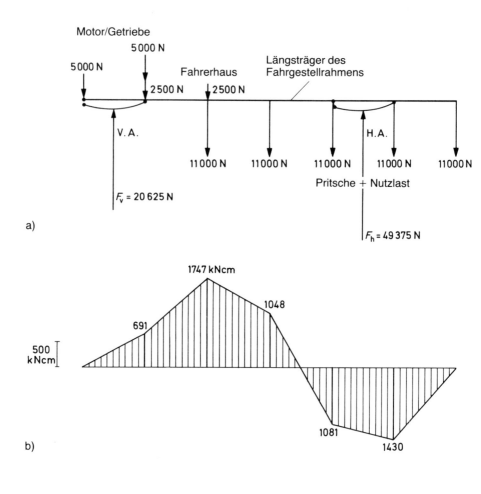

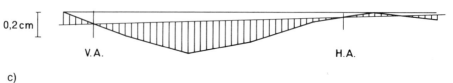

Bild 6.7 Auf Biegung belasteter Fahrgestellrahmen (a) und sich ergebender Momentenverlauf (b) sowie Biegelinie (c)

Bild 6.8 Durch die Unebenheit Δh ergeben sich die Radlastunterschiede ΔF_v bzw. ΔF_h

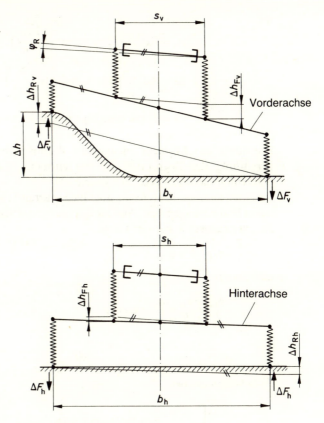

Neben der Rahmenverwindung treten Durchfederungen an den Federn und Reifen auf, die eine Funktion des an der Vorderachse (bzw. Hinterachse) eingeleiteten Momentes sind. Es ist also

$$\Delta h = \Delta h_{\text{Federn}} + \Delta h_{\text{Rahmen}} + \Delta h_{\text{Reifen}} \tag{6.1}$$

$$\Delta h_{\text{Federn}} = \frac{M_t}{s_v} \cdot c_{Fv} \cdot \frac{b_v}{s_v} + \frac{M_t}{s_h} \cdot c_{Fh} \cdot \frac{b_h}{s_h} \cdot \frac{b_v}{s_v} \tag{6.2a}$$

$$\Delta h_{\text{Rahmen}} = M_t \cdot S \cdot b_v \tag{6.2b}$$

$$\Delta h_{\text{Reifen}} = \frac{M_t}{b_v} \cdot c_{Rv} + \frac{M_t}{b_h} \cdot c_{Rh} \cdot \frac{b_v}{b_h} \tag{6.2c}$$

Somit ist das an der Vorderachse eingeleitete Moment M_t:

$$M_t = \frac{\frac{1}{2} \cdot b_v \cdot \Delta h}{\frac{1}{c_{Rv}} + b_v^2 \left(\frac{1}{s_v^2 \cdot c_{Fv}} + \frac{1}{b_h^2 \cdot c_{Rh}} + \frac{1}{s_h^2 \cdot c_{Fh}} + \frac{1}{2 \cdot S} \right)} \tag{6.3}$$

mit

$$c_R = \text{Reifenfederkonstante} \left(\frac{N}{cm}\right)$$

$$c_F = \text{Aufbaufederkonstante} \left(\frac{N}{cm}\right)$$

$$S = \text{Torsionssteifigkeit des Rahmens} \left(\frac{Ncm}{rad}\right)$$

Die durch das Moment entstehende Rahmenbelastung zeigt Bild 6.9. Für die Ermittlung der Beanspruchung der einzelnen Träger soll hier ein einfaches Näherungsverfahren benutzt werden:

Wegen der torsionsweichen, aber biegestarren Träger ist die Rahmenverformung wie in Bild 6.9 angegeben. Aus der Geometrie des verformten Rahmens folgt für ein Rahmenelement k mit der Länge l_k

$$\varphi_{Lk} \cdot b = \varphi_Q \cdot l_k \tag{6.4}$$

und daraus

$$\frac{\varphi_{Lk}}{l_k} = \frac{\varphi_Q}{b} = \frac{\varphi_i}{l_i} = \text{konst.} \tag{6.4a}$$

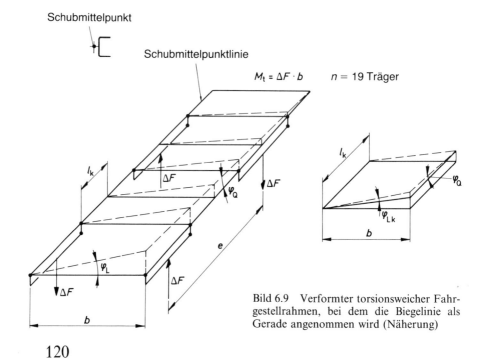

Bild 6.9 Verformter torsionsweicher Fahrgestellrahmen, bei dem die Biegelinie als Gerade angenommen wird (Näherung)

Aus der Beziehung zwischen dem Torsionsmoment M_{ti} und dem Torsionswinkel φ_i ergibt sich

$$\varphi_i = \frac{M_{ti} \cdot l_i}{J_{ti} \cdot G} \tag{6.5}$$

also

$$\frac{M_{ti}}{J_{ti}} = \frac{\varphi_i}{l_i} \cdot G = \text{konst.} \tag{6.5a}$$

Mit dem Arbeitssatz wird

$$\frac{1}{2} \cdot M_t \cdot \varphi_e = \sum_1^n \frac{1}{2} \cdot M_{ti} \cdot \varphi_i$$

$$= \sum_1^n \frac{1}{2} \cdot M_{t1} \cdot \frac{J_{ti}}{J_{t1}} \cdot \varphi_1 \cdot \frac{l_i}{l_1} \tag{6.6}$$

mit

$$\varphi_e = \varphi_1 \cdot \frac{e}{l_1}$$

wird

$$M_{t1} = \frac{M_t \cdot e}{\sum_1^n \frac{J_{ti}}{J_{t1}} \cdot l_i} \tag{6.6a}$$

Bild 6.10 zeigt den Verlauf der Torsionsmomente im Rahmen.

Für die Ermittlung der Biegemomente müssen die einzelnen Träger freigemacht werden. Für einen Querträger erhält man (Bild 6.11):

$$M_b = M_{t\,i+1} - M_{ti} \tag{6.7}$$

Damit ergeben sich die Biegemomentenbelastungen nach Bild 6.12. Das Freimachen der Längsträger führt zu einer Belastung nach Bild 6.13. Die sich daraus für die Längsträger ergebenden Biegemomentenbelastungen zeigt Bild 6.14.

Die Torsionssteifigkeit des Fahrgestellrahmens ergibt sich aus

$$S = \frac{M_t}{\varphi_e} \tag{6.8}$$

mit

$$M_t = \frac{M_{t1} \cdot \sum_1^n \frac{J_{ti}}{J_{t1}} \cdot l_i}{e} \tag{6.9}$$

$$\varphi_e = \frac{M_{t1} \cdot e}{J_{t1} \cdot G} \tag{6.10}$$

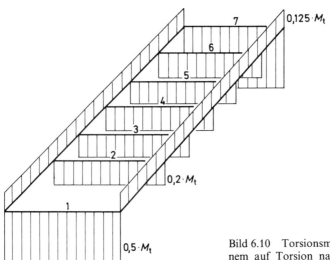

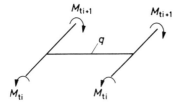
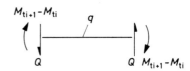

Bild 6.10 Torsionsmomentenverlauf in einem auf Torsion nach Bild 6.9 belasteten Fahrgestellrahmen

Bild 6.11 Gleichgewicht an einem Rahmenausschnitt in Höhe eines Querträgers

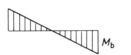

Bild 6.12 Biegemomentenverlauf für einen Querträger in einem auf Torsion nach Bild 6.9 belasteten Fahrgestellrahmen

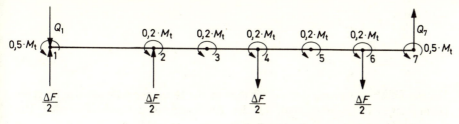

Bild 6.13 Belastung des Längsträgers in einem auf Torsion nach Bild 6.9 belasteten Fahrgestellrahmen

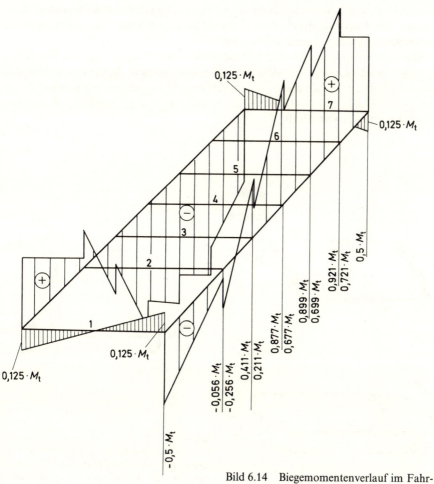

Bild 6.14 Biegemomentenverlauf im Fahrgestellrahmen

wird dann

$$S = \frac{G \cdot \sum_{1}^{n} l_i \cdot J_{ti}}{e^2} \qquad (6.11)$$

Für die Dimensionierung der Träger müssen die Biegemomente aus der Biegebelastung zu den Biegemomenten aus der Torsionsbelastung addiert werden. Die Querkraftbelastung wird in erster Näherung vernachlässigt. Zu den aus den Biegemomenten sich ergebenden Normalspannungen σ_b und den aus den Torsionsmomenten sich ergebenden Schubspannungen τ_t treten an den Rahmenknoten noch Wölbspannungen σ_w auf, die eine Funktion der Einspannbedingungen sind.

Ein auf Torsion belasteter Profilstab verwölbt sich an den Stabenden (Bild 6.15a). Wird die Verwölbung an der Einspannstelle (Stabende) behindert, so werden die Flansche durch zusätzliche Momente belastet. Es ergibt sich ein Biegespannungsverlauf nach Bild 6.15b.

Mit einem einfachen Modell können diese Biegemomente in den Flanschen veranschaulicht werden. Das eingeleitete Torsionsmoment M_t kann sowohl durch die reine Torsion M_{tT} als auch über ein Kräftepaar M_{tB} übertragen werden, das in den beiden Flanschen wirkt. Dieser Umstand führt zu einer Belastung eines jeden Flansches mit der Querkraft

$$Q_B = \frac{M_{tB}}{h} \qquad (6.12)$$

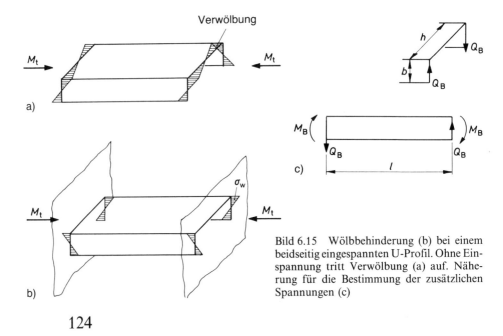

Bild 6.15 Wölbbehinderung (b) bei einem beidseitig eingespannten U-Profil. Ohne Einspannung tritt Verwölbung (a) auf. Näherung für die Bestimmung der zusätzlichen Spannungen (c)

und einem Moment

$$M_B = \frac{Q_B \cdot l}{2} = \frac{M_{tB} \cdot l}{2 \cdot h} \qquad (6.13)$$

Die Aufteilung des eingeleiteten Torsionsmomentes M_t in M_{tB} und M_{tT} kann bei starrer Einspannung nach WAGNER abgeschätzt werden. Es ist

$$\frac{M_{tB}}{M_{tT}} = \frac{3 \cdot E}{16 \cdot G} \left(2 \cdot \frac{b \cdot h}{t \cdot l}\right)^2 \qquad (6.13\text{a})$$

Bei Stäben mit kleiner Länge l überwiegt M_{tB} während mit zunehmender Länge M_{tB} schnell abnimmt.

6.2.2 Entwurf der Fahrgestellrahmen

Fahrgestellrahmen bestehen aus U-Profilen für die seitlichen Träger und aus Hutprofilen für die Querträger. An den Enden werden für die Querträger hochstehende U-Profile benutzt (Bild 6.16).

Die Querträgeranschlüsse sind schnabelförmig ausgebildet. Sie besitzen dadurch eine große Nachgiebigkeit. Die an den Rahmenenden angebrachten U-Profile werden an den Verbindungsstellen ausgeklinkt, so daß auch hier eine Nachgiebigkeit gegeben ist (Bild 6.16).

Zur Aufnahme von Fahrwerkskräften werden für die Blattfederbefestigungen Konsolen angebracht (Bild 6.19). Da die Fahrwerkskräfte nicht durch den Schubmittelpunkt der Längsträgerprofile gehen, entstehen Momente $\frac{1}{2} \cdot F \cdot e_{Sch}$, die möglichst von an der gleichen Stelle angebrachten Querträgern aufgenommen werden sollten. Geschieht das nicht, so werden die Längsträger in diesem Bereich zusätzlich auf Torsion beansprucht.

Im Motor-Getriebe-Bereich muß der Querträger gekröpft ausgeführt werden. Die Stoßdämpferkräfte übernehmen an der Vorderachse Konsolen. An der Hinterachse werden diese Kräfte durch einen Querträger abgestützt (Bild 6.19).

Die Längsträger sollen eine große Biegesteifigkeit besitzen. Dazu müssen die Steghöhe und die Flanschbreite möglichst groß sein. Dabei darf aber das Verhältnis Flanschbreite (b) Blechdicke (t) wegen der Beulgefahr nicht zu groß gemacht werden. Für die kritische Beulspannung gilt:

$$\sigma_{kr} = 0{,}36 \cdot E \cdot \left(\frac{t}{b}\right)^2 \qquad (6.14)$$

An der Streckgrenze ist

$$\sigma_{kr} = \sigma_S \qquad (6.15)$$

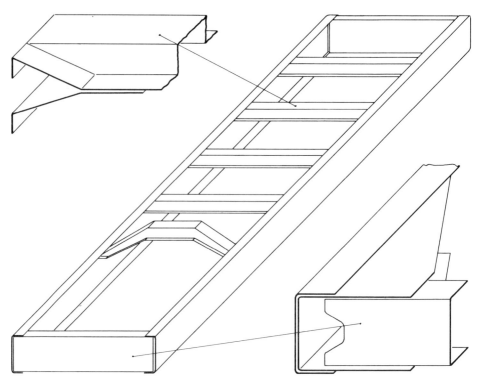

Bild 6.16 Entwurf eines Fahrgestellrahmens: Anordnung der Längs- und Querträger sowie Gestaltung der Querträger

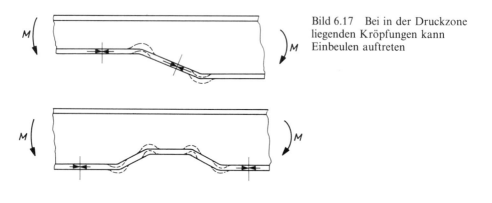

Bild 6.17 Bei in der Druckzone liegenden Kröpfungen kann Einbeulen auftreten

woraus für St 37 folgt

$$\frac{t}{b} \approx \frac{1}{12} \tag{6.16}$$

Aus Leichtbaugründen werden die Längsträger oft mit unterschiedlichen Höhen ausgeführt. Hier ist darauf zu achten, daß die Übergänge nicht zu sprunghaft sind. Übergangsradien sind besser als Knicke (Bild 6.17). Bei einem Knick ist die Gefahr des Ausbeulens besonders groß.

Eine Möglichkeit, das Profil im hochbelasteten Teil des Längsträgers zu verstärken, sind winkelförmige Einlagebleche. Auch hier dürfen keine sprunghaften Übergänge vorgesehen werden. Die Winkeleinlagen müssen daher zu den Enden hin verjüngt werden.

Die Querträger haben ihre größte Beanspruchung an den Trägerenden. Aus diesem Grunde muß hier eine möglichst große Anschlußbasis durch Verbreitung des Profils geschaffen werden. Beim Schnabelanschluß wird die Breite des Hutprofils im oberen Bereich vergrößert. Das im unteren Bereich angebrachte Anschlußblech ist ebenfalls verbreitert. Die an den Rahmenenden befindlichen Querträger erhalten dazu Knotenbleche (Bild 6.16).

Die Verbindung mit den Längsträgern soll so erfolgen, daß einerseits die Längsträgerflansche im hochbelasteten Bereich nicht geschwächt werden, andererseits aber auch örtlich keine zu großen Stegbelastungen auftreten (Membranwirkung).

6.2.3 Konstruktion der Fahrgestellrahmen unter Berücksichtigung der Fertigung

Die Fahrgestellrahmen werden innerhalb einer Baureihe in verschiedenen Längen geliefert (Bild 6.18). Die Rahmenbleche bestehen aus hochfestem Feinkornbaustahl. Rahmenlängsträger und Rahmenquerträger haben konstante Wandstärken von 5 bis 7 mm. Sie werden mittels Kalibrierwalzen gepreßt. Daher sind bei den Längsträgern unterschiedliche Profilhöhen und Kröpfungen mit beliebigen Übergängen möglich.

Das Fügen der Träger und Konsolen erfolgt durch Kaltnieten oder Schrauben. Die Löcher sind vorgestanzt. Nach der Montage des Rahmens werden diese zusammen aufgerieben und verbunden (Bild 6.19). Bei geschraubten Rahmenteilen müssen nach einer bestimmten Fahrstrecke alle Schrauben nachgezogen werden. Schrauben- und Nietverbindungen haben bei entsprechender Knotengestaltung eine große Knotenelastizität, die bei den torsionsweichen Fahrgestellrahmen erwünscht ist.

Zur Erhöhung der Biegesteifigkeit und Festigkeit werden im kritischen Bereich Winkelbleche eingenietet. Damit kann ein einmal vorgesehener Rahmen für noch höhere Lasten verwendet werden.

Bei torsionsstarren Rahmen (Bild 6.20) mit geschlossenen Profilen wird als Verbindungstechnik das Schweißen angewandt, wobei die Längsträger als Vierkanthohlprofile und die Querträger als Rohre ausgebildet sind. Die Querträger werden in den Längsträgern in dafür vorgesehene Löcher gesteckt und geschweißt.

Pritschen-länge (mm)	4200	5200	6200	7200	7200
Radstand mm	3090/3150	3640/3700	4190/4250	4850/4900	5490/5550
zulässiges Gesamt-gewicht	Steghöhe × Materialdicke (mm)				
6,5	170 × 5,0	170 × 5,0	200 × 5,5		
7,5	170 × 5,5	200 × 5,5	230 × 5,5	230 × 6,0	
8,0	170 × 5,5	200 × 5,5	230 × 5,5	230 × 6,0	
8,6	200 × 6,0	200 × 6,0	230 × 6,0	270 × 6,0	
9,2	200 × 6,0	200 × 6,0	230 × 6,0	270 × 6,0	
11,0	230 × 6,0	230 × 6,0	230 × 6,0	270 × 6,5	270 × 7,0

Bild 6.18 Hauptmaße sowie Profilmaße einer Lkw-Fahrgestell-Baureihe (Daimler-Benz)

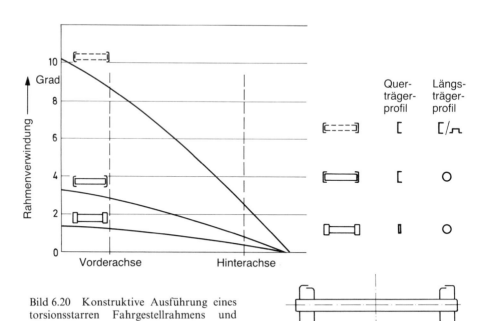

Bild 6.20 Konstruktive Ausführung eines torsionsstarren Fahrgestellrahmens und Vergleich der Rahmensteifigkeiten

Bild 6.19 Konstruktive Ausführung eines Fahrgestellrahmens der mittleren Klasse (Daimler-Benz)

6.2.4 Berechnung der Fahrgestellrahmen

Die Belastung eines Fahrzeugs ist sowohl statisch als auch dynamisch. Die meist bei der Berechnung berücksichtigen Belastungen sind:

1. Biegung
2. Torsion
3. Bremsen
4. Anfahren
5. Stoß an der Vorderachse
6. Stoß an der Hinterachse
7. Kurvenfahrt

Aufgrund von Fahrbahnunebenheiten tritt Wegerregung des schwingungsfähigen Gesamtsystems auf. Die Wegerregung setzt sich aus mehreren harmonischen Einzelerregern zusammen. (Angenähert kann das Straßenprofil durch eine harmonische Analyse zerlegt werden.) Diese Schwingungsbelastung ist den zuvor angegebenen Belastungen zu überlagern. An Resonanzstellen kann diese Belastung erheblich sein. Es soll darauf hingewiesen werden, daß die hier auftretenden Belastungen nicht durch Multiplikation der statischen Belastungen zustande kommen. So können große Schwingungsbelastungen an Stellen auftreten, an denen die statischen Belastungen klein sind (Bild 6.21).

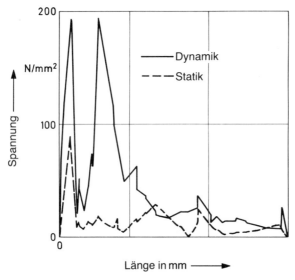

Bild 6.21 Statische und dynamische Spannungsverteilung in einem Fahrgestell-Längsträger (Daimler Benz)

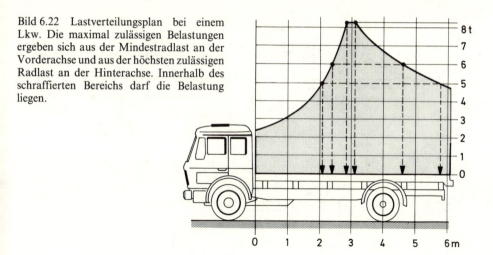

Bild 6.22 Lastverteilungsplan bei einem Lkw. Die maximal zulässigen Belastungen ergeben sich aus der Mindestradlast an der Vorderachse und aus der höchsten zulässigen Radlast an der Hinterachse. Innerhalb des schraffierten Bereichs darf die Belastung liegen.

Die zwischen Hilfsrahmen und Fahrgestellrahmen auftretenden Reibungskräfte sind sehr schwer erfaßbar. Daher ist die rechnerische Beschreibung des Schwingungssystems nur in Grenzfällen möglich. Diese Grenzfälle sind starre Kopplung und lose Kopplung. Eine weitere Schwierigkeit ist die Beschreibung der trockenen Reibung zwischen Hilfsrahmen und Fahrgestellrahmen, aber auch in den Niet- und Schraubverbindungen.

Die Berechnung der rein statischen Belastungen, Biegung und Torsion, erfolgt wie in Abschnitt 6.2.1. Es soll hier darauf hingewiesen werden, daß die dort angenommene Belastungsverteilung stark idealisiert ist. Bild 6.22 zeigt dazu den Lastverteilungsplan für einen Pritschen-Lkw. Aus diesem Plan ersieht man, daß die zulässige Beladung eine Funktion der Lage des Beladungsschwerpunktes ist. Gleichzeitig ist aber auch daraus zu ersehen, daß sehr extreme Beladungszustände möglich sind. Man sollte also nach Möglichkeit auch diese Fälle in Betracht ziehen. Für die Ermittlung der Torsionsbelastung muß nach Abschnitt 6.2.1 die Torsionssteifigkeit der Kombination Fahrgestellrahmen-Aufbau bekannt sein. Beim Pritschenaufbau können die Einzeltorsionssteifigkeiten addiert und unter Berücksichtigung des Kopplungseffekts etwas größer angenommen werden. Beim Kastenaufbau dagegen ist die Torsionssteifigkeit des Kastens relativ zu den anderen Steifigkeiten groß. Es empfiehlt sich, dann mit einer unendlich großen Steifigkeit, der Kombination Fahrgestellrahmen-Kastenaufbau, zu rechnen.

Für die Ermittlung der jeweiligen Belastungskräfte der Fälle 3 bis 7 wird eine einfache Massenverteilung angenommen. Der Aufbau wird dazu in einzelne Bereiche mit den Massen Δm_2 zerlegt und am Fahrgestellrahmen abgestützt. Für die Abstützung des Fahrerhauses und der Antriebseinheit werden 4 Punkte am Fahrgestellrahmen vorgesehen (Bild 6.23).

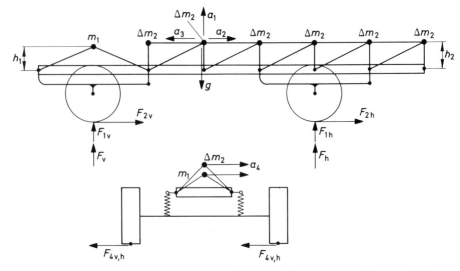

Bild 6.23 Angenommene Massenverteilung zur Berechnung dynamischer Kräfte

Mit Hilfe der Fahrdynamik können die Trägheitskräfte $m \cdot a$ bestimmt und als statische Belastungen angebracht werden. Bild 6.24 zeigt die sich ergebenden Belastungen des Fahrgestellrahmens für die Fälle 3 bis 7. Bei den dynamischen Lastfällen 3 bis 6 werden nur wie bei der Biegung die Längsträger belastet. Wie aus Bild 6.24a zu ersehen, können dabei erheblich größere Biegemomente auftreten als bei der reinen Biegebelastung.

Die Belastung bei Kurvenfahrt (Lastfall 7) entsteht durch die Zentrifugalbeschleunigung a_4 der einzelnen Massen. Die Längsträger werden gegensymmetrisch belastet. Die Biegemomentenverläufe in den Längsträgern sind dann z.B. bei $h_1 = h_2$ proportional dem Biegemomentenverlauf bei der Biegebelastung. Zusätzlich tritt noch eine Belastung in der Rahmenebene auf, wobei alle Träger auf Biegung beansprucht werden (Bild 6.24b).

Zur genauen Analyse der Spannungen und Verformungen wird der Fahrgestellrahmen in finite Elemente unterteilt. Dabei können außerhalb der Knoten liegende Bereiche als Stäbe betrachtet werden (Bild 6.25). Hier werden die Querträger durch Stäbe ersetzt. Für den Übertragungsmechanismus der Fahrwerkskräfte wurden ebenfalls Träger gewählt.

Bild 6.24 (rechts) Trägerbelastung (a) bei den dynamischen Lasten in Längsrichtung. Trägerbelastung (b) bei Kurvenfahrt.

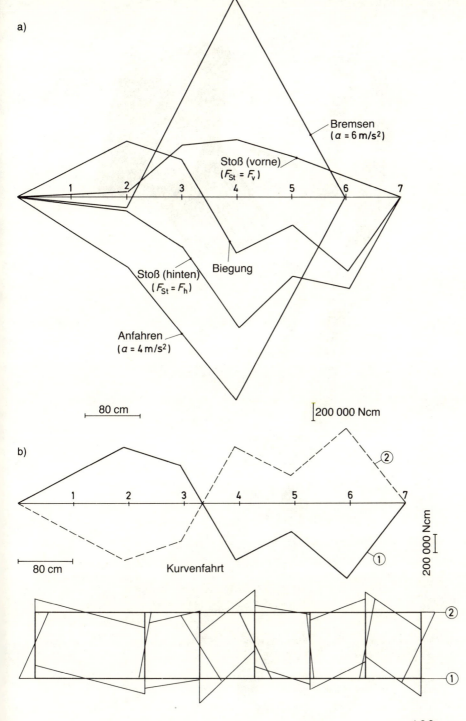

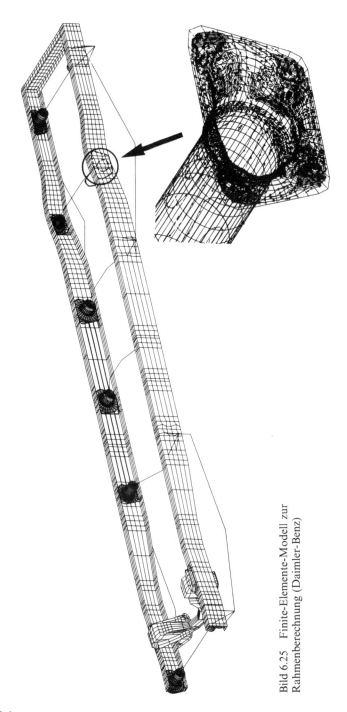

Bild 6.25 Finite-Elemente-Modell zur Rahmenberechnung (Daimler-Benz)

6.3 Hilfsrahmen

6.3.1 Vordimensionierung der Hilfsrahmen

Fahrgestellrahmen und Hilfsrahmen werden über Verbindungsglieder miteinander verbunden. Die auf Biegung belastete Verbindung, Fahrgestellrahmen-Hilfsrahmen, zeigt Bild 6.26. Ohne Verbindungsglieder würde bei einem großen Biegeträgheitsmoment des Hilfsrahmens eine punktförmige Belastung an den Enden auftreten. Daher soll das Biegeträgheitsmoment des Hilfsrahmens möglichst klein gehalten werden. Um große Flächenpressungen und damit zusätzliche Spannungen an den Trägerenden zu vermeiden, sollen auch die Übergänge weich erfolgen (z. B. Abschrägen).

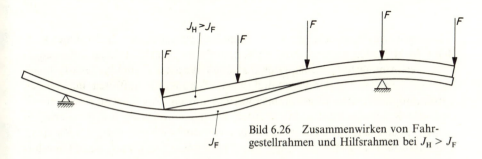

Bild 6.26 Zusammenwirken von Fahrgestellrahmen und Hilfsrahmen bei $J_H > J_F$

Die Verbindung kann einmal, wie zuvor abgehandelt, schubweich (Bild 6.27a), zum anderen aber auch schubstarr sein. Bei einer schubstarren Verbindung ist eine Relativbewegung zwischen den Trägern des Hilfsrahmens und des Fahrgestellrahmens nicht möglich. Dadurch wird erreicht, daß das gesamte Biegeträgheitsmoment nicht mehr durch Addition der Einzelträgheitsmomente erfolgt. Das jetzt zu betrachtende Profil ist ein Doppel-U-Profil nach Bild 6.27b, welches ein sehr viel größeres Biegeträgheitsmoment J hat.

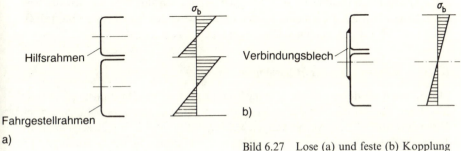

Bild 6.27 Lose (a) und feste (b) Kopplung von Fahrgestellrahmen und Hilfsrahmen

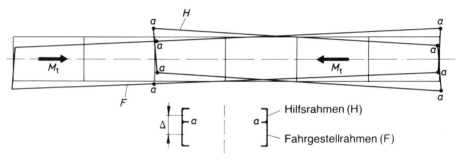

Bild 6.28 Bei Torsionsbelastung (M_t) wollen sich in der Berührungsebene Fahrgestellrahmen und Hilfsrahmen gegenläufig bewegen

Die auf Verdrehung belastete Verbindung Fahrgestellrahmen-Hilfsrahmen zeigt Bild 6.28. Hier ist zu ersehen, daß Fahrgestellrahmen und Hilfsrahmen entgegengesetzte Verformungstendenzen im Punkt a haben. Bei einer Verbindung der Rahmen bedeutet dieses, daß in der Verbindungsebene Schubkräfte auftreten, die von den Verbindungselementen aufgenommen werden müssen. Das führt zu einer Versteifung der Rahmenkombination. Würden die Torsionsachsen aufeinanderliegen ($\Delta = 0$), so läge eine reine Parallelschaltung vor, und die Versteifung der Rahmenkombination wäre gleich null. Ähnliche Verhältnisse liegen auch beim Omnibus (Abschnitt 5.2.1) vor.

6.3.2 Entwurf der Hilfsrahmen

Die Verbindung von Fahrgestellrahmen und Aufbau erfolgt über Verbindungselemente nach Bild 6.29, die sowohl vertikale Kräfte als auch Schubkräfte aufnehmen können. Soll der Aufbau verwindungsfrei befestigt werden, so kann am Hilfsrahmen eine 3-Punkt-Lagerung vorgesehen werden (Bild 6.30a). Bei einer 4-Punkt-Lagerung müssen die vorderen Lager besonders weich ausgeführt werden (Bild 6.30b). Der Hilfsrahmen soll zum vorderen Ende hin einen weichen Übergang bekommen. Dazu bieten sich zwei Möglichkeiten nach Bild 6.31 an. Sowohl beim Pritschenaufbau als auch beim Kastenaufbau wird der Boden von Querträgern getragen, die auf den beiden Längsträgern befestigt werden.

6.3.3 Konstruktion der Hilfsrahmen

Hilfsrahmen werden meistens, im Gegensatz zum Fahrgestellrahmen, geschweißt. Sie sollen ebenso wie der Fahrgestellrahmen torsionsweich ausgeführt werden. Dazu müssen die Trägerverbindungen weich gestaltet sein. Bild 6.32 zeigt dazu drei Beispiele. Die Winkelverbindung erlaubt eine große Schweißnahtlänge. Ein direktes Schweißen von Längs- und Querträger ist nicht ratsam, da an dieser Stelle

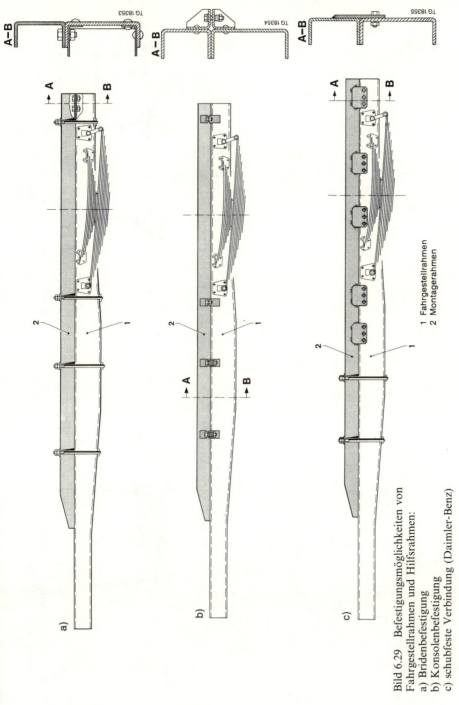

Bild 6.29 Befestigungsmöglichkeiten von Fahrgestellrahmen und Hilfsrahmen:
a) Bridenbefestigung
b) Konsolenbefestigung
c) schubfeste Verbindung (Daimler-Benz)

1 Fahrgestellrahmen
2 Montagerahmen

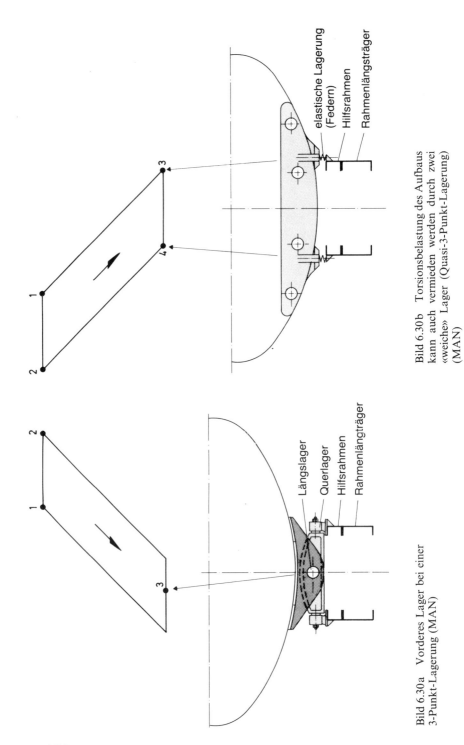

Bild 6.30a Vorderes Lager bei einer 3-Punkt-Lagerung (MAN)

Bild 6.30b Torsionsbelastung des Aufbaus kann auch vermieden werden durch zwei «weiche» Lager (Quasi-3-Punkt-Lagerung) (MAN)

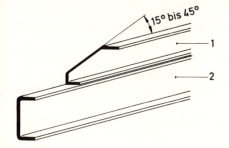 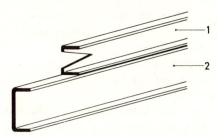

Bild 6.31 Zur Vermeidung örtlich großer Flächenpressung sollen die Enden des Hilfsrahmens «weich» gestaltet werden (Daimler-Benz)

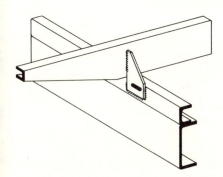 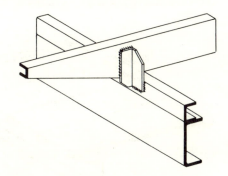

Bild 6.32 Verschiedene Querträgerbefestigungen an Hilfsrahmen

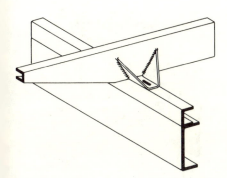 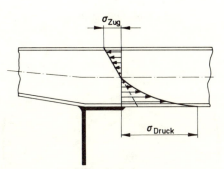

Bild 6.32a Erhöhung der Druckspannungen durch Verformungsbehinderung an der Auflage Hilfsrahmen-Längsträger und -Querträger

der Querträger die größten Biegespannungen besitzt und an der Auflagestelle gestaucht wird. Durch Schweißen wird die Stauchung behindert. Dadurch treten Spannungskonzentrationen auf (Bild 6.32a).

Bei kleineren Lkw können die Querträger entfallen, wenn Böden aus Profilen verwendet werden. Das Trägheitsmoment J der Profile muß dann so groß sein, daß die sich aus der Ladung ergebende Biegebelastung aufgenommen werden kann (Bild 6.33).

Die seitliche Begrenzung des Hilfsrahmens wird durch Längsträger hergestellt, die mit den Querträgern entweder geschraubt oder geschweißt werden (Bild 6.34). Bei unterschiedlichen Materialien (St für die Querträger, Al für die Längsträger) muß auf jeden Fall geschraubt werden. In beiden Fällen sollen die Verbindungen weich erfolgen. So wird z.B. bei der Verbindung eines U-Profils durch Schweißen nur ein winkelförmiges Nahtbild empfohlen (Bild 6.34a). In vielen Fällen ist der Längsträger Bestandteil der Seitenwand, so daß erst bei der Seitenwandmontage die Verbindung mit den Querträgern erfolgt (Bild 6.34b).

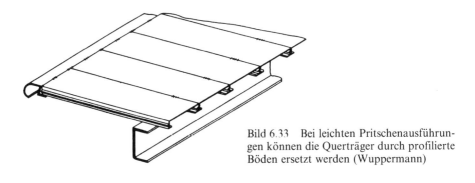

Bild 6.33 Bei leichten Pritschenausführungen können die Querträger durch profilierte Böden ersetzt werden (Wuppermann)

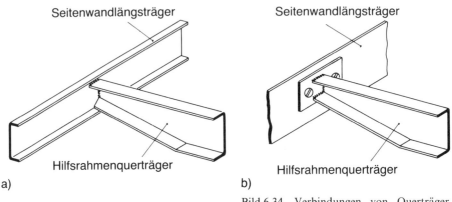

Bild 6.34 Verbindungen von Querträger und Aufbauseitenwand

Bild 6.35 Profilierter Stahlboden (Wuppermann)

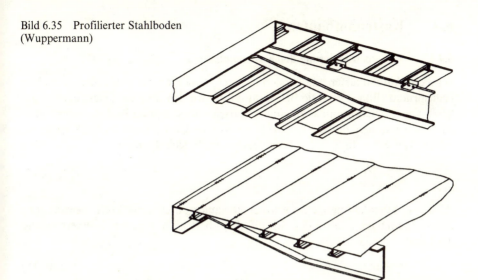

Die Böden können entweder einfache Holzplatten sein oder aus profilierten Stahl- oder Aluminiumelementen bestehen. Bild 6.35 zeigt eine Bodenkonstruktion mit profilierten Stahlblechen. Die Bleche werden längs verlegt und miteinander mit unterbrochenen Nähten verschweißt. Die Verbindung mit den Querträgern kann durch Schrauben oder ebenfalls Schweißen erfolgen. Bei Pritschenaufbauten soll wegen der gewünschten Verwindungsweichheit geschraubt werden.

In Bild 6.36 ist eine Bodenkonstruktion mit Stangpreßprofilen aus Aluminium angegeben. Die Aluminiumelemente werden ebenfalls längs verlegt und miteinander verhakt. Die Befestigung mit den Querträgern erfolgt durch Schrauben.

Bild 6.36 Profilierter Aluminiumboden (Aluminiumwalzwerke Singen)

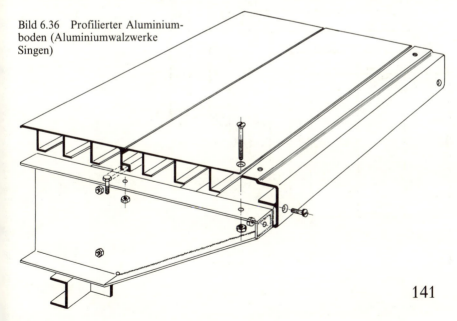

6.4 Kastenaufbauten

6.4.1 Vordimensionierung der Kastenaufbauten

Wird der Aufbaukasten auf Torsion belastet, so werden die Teilflächen auf Schub beansprucht (Bild 6.37). Die Belastungskräfte werden über die Querträger eingeleitet, was zunächst einmal zu einem statisch unbestimmten Problem führt. Hier wird angenommen, daß die Krafteinleitungen an den Eckpunkten des Kastens erfolgen. Der Schubfluß in den Blechfeldern ergibt sich dann zu

$$q = \frac{M_t}{2 \cdot A} \tag{6.17}$$

An den Krafteinleitungsstellen werden die Säulen durch Längskräfte belastet. Die Nietverbindungen müssen den Schubfluß q übertragen. Für eine Nietverbindung der Länge l ist dann (Bild 6.38).

$$F = q \cdot l = n \cdot F_{\text{Niet}} \tag{6.18}$$

Werden die einzelnen Wände mit Schrauben verbunden, so erhält man für die Schraubenverbindung die gleiche Beziehung wie oben.

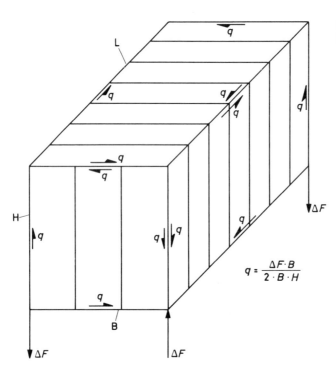

Bild 6.37 Auf Torsion belasteter Aufbaukasten

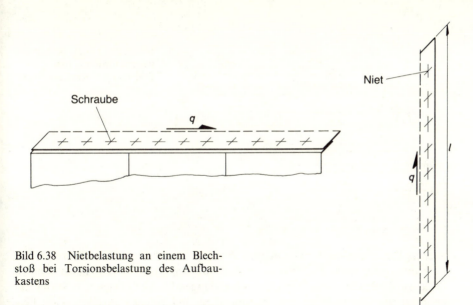

Bild 6.38 Nietbelastung an einem Blechstoß bei Torsionsbelastung des Aufbaukastens

Die Schubfelder müssen auf Schubbeulen untersucht werden. Für ein Schubfeld der Breite b, der Länge a und der Blechstärke t ist

$$\tau_{kr} = \left[5{,}34 + 4 \cdot \left(\frac{b}{a}\right)^2\right] E \cdot \left(\frac{t}{b}\right)^2 \tag{6.19}$$

Die Krafteinleitungsstäbe werden auf Druck beansprucht und können daher ausknicken. Bei der Knickung ist, wegen der über der Stablänge veränderlichen Druckkraft, die wirksame Knicklänge:

$$l_K = 0{,}73 \cdot l \tag{6.20}$$

Der meist nicht mittragende Boden des Kastenaufbaus wird bei der Berechnung der Bodenstruktur unberücksichtigt gelassen. Es verbleibt dann nur noch die Rahmenstruktur, die aus den Längs- und Querträgern gebildet wird. In erster Näherung ist dann die Balkenbeanspruchung durch Betrachten eines einzelnen Rahmenfeldes zu ermitteln (Bild 6.39).

Schließlich soll noch darauf hingewiesen werden, daß bei einer Krafteinleitung in den Aufbaukasten, die mehr zur Mitte hin erfolgt, in den inneren seitlichen Schubfeldern höhere Schubflüsse auftreten (Bild 6.40).

6.4.2 Entwurf der Kastenaufbauten

Der Kastenaufbau besteht aus den Seitenwänden, dem Dach und der Stirn- bzw. Rückwand. Die Tür befindet sich in den meisten Fällen in der Rückwand. Die Elemente werden einzeln gefertigt und dann zusammengebaut (Bild 6.41).

Die Seitenwand ist in mehrere Blechfelder unterteilt. Die Feldbreiten betragen etwa 600 bis 800 mm. Bei größeren Feldbreiten würde die Beulgefahr erhöht

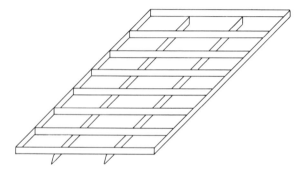

Bild 6.39 Längs- und Querträgeranordnung des Bodens eines Kastenaufbaus

werden. Die Felder werden von offenen Profilen (Z- bzw. Hutprofile) begrenzt. Die Verbindung der Außenbleche mit den Randprofilen erfolgt durch Nieten. An den Rändern werden die Wände mit U-Profilen eingefaßt. Auch Dach und Stirnwand bestehen aus Blechfeldern mit Randprofilen und offenen Profilen. Der Türrahmen wird aus Sonderprofilen gefertigt. Die Türanschlüsse gehen über 2 bis 4 Scharniere.

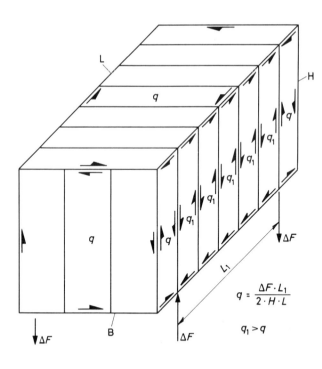

Bild 6.40 Ungünstige Krafteinleitung bei einem Aufbaukasten

$$q = \frac{\Delta F \cdot L_1}{2 \cdot H \cdot L}$$

$q_1 > q$

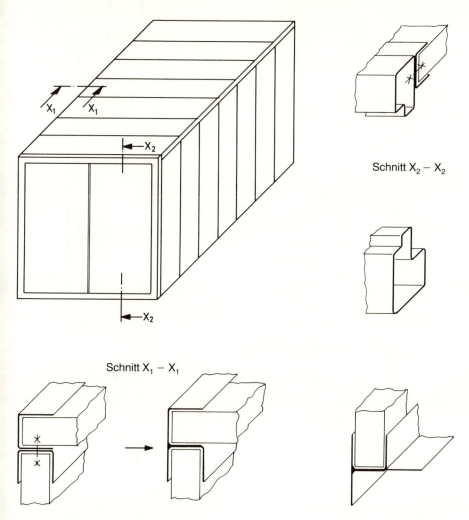

Bild 6.41   Entwurf eines Kastenaufbaus

6.4.3 Konstruktion der Kastenaufbauten unter Berücksichtigung der Fertigung

Für Kastenaufbauten wird bevorzugt die Aluminiumbauweise angewandt. Nur wo es auf eine große Festigkeit und Steifigkeit ankommt, werden die entsprechenden Elemente aus Stahl gefertigt. Die Gründe, Aluminium zu verwenden, sind einmal die Korrosionsbeständigkeit und zum anderen die Möglichkeit, einfach herstellbare Sonderprofile zu verwenden. Der Aufbaukasten besteht aus Teilflächen, welche durch Randprofile eingefaßt sind. Die Gestaltung der Randprofile erfolgt einmal unter Berücksichtigung der Verbindung mit den einzelnen Flächen und

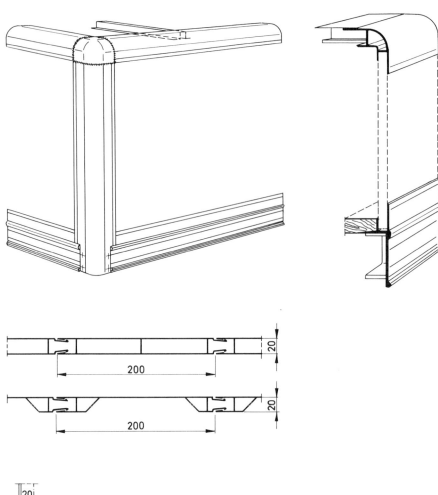
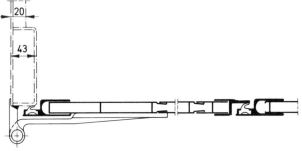

Bild 6.42 Konstruktive Ausführung eines Kastenaufbaus (1. Möglichkeit) (Schweizerische Aluminium-AG)

zum anderen unter Berücksichtigung der Bauweisen: einheitlicher Aufbau – getrennter Aufbau durch Teilelemente. Bei getrennten Teilelementen muß noch eine Verbindung zwischen den Elementen vorgesehen werden.

In Bild 6.42 wird die Gestaltung eines einheitlichen Aufbaus gezeigt. Es sollten nach Möglichkeit nur wenige Profiltypen innerhalb einer Konstruktion zur Anwendung kommen. Hier sind aus diesem Grunde die Dachrandprofile und die vorderen Ecksäulen gleich. Die Dachecken sind gegossene Elemente. Im unteren Bereich laufen die Randprofile in die Ecksäulen.

Die Seitenflächen können nach verschiedenen Konzepten gestaltet werden. So kann zum einen die herkömmliche Blechhaut zur Anwendung kommen, wobei die Bleche durch senkrechte Säulenprofile in Teilflächen aufgeteilt werden. Aber auch Strangpreßprofile, die miteinander verhakt werden, können die Fläche bilden (Bild 6.42). Schließlich lassen sich auch Sandwichplatten einzusetzen. Der Dachbereich kann ebenfalls aus einer mit Spriegeln versehenen Blechhaut bestehen. Auch hier können Sandwichplatten eingesetzt werden.

Der Türrahmen wird aus Festigkeits- und Steifigkeitsgründen in den meisten Fällen aus Stahl gefertigt und mit dem Aufbaukasten durch Schrauben verbunden. Die Türen können dagegen aus Aluminiumprofilen gefertigt werden. Das Ausfüllen der Türfläche geschieht wie bei den Seitenwänden.

Bild 6.43 zeigt weitere Beispiele zur Gestaltung der Randprofile. Bei Lösung a) ist besonders die gute Zugänglichkeit für das Nieten berücksichtigt worden. Lösung b) zeigt die Möglichkeit der Verschraubung der Randprofile mit Sandwichplatten.

Die Gestaltung eines Kastenaufbaus mit getrennten Teilelementen zeigt Bild 6.44. Hier wird jedes Teilelement zunächst für sich hergestellt. Die Gestaltung des Dachs zeigt Bild 6.45. Die Dachhaut besteht aus gesickten Blechen. Die Dachspriegel bestehen aus Z-Profilen, welche in die Randprofile münden. Die Feldbreite

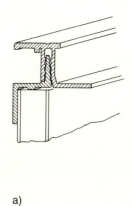
a)

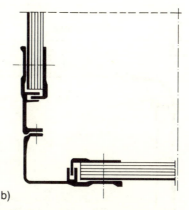
b)

Bild 6.43 Konstruktive Gestaltung von Kantenverbindungen, a) Spriegelbauweise (Cargo-Van), b) Sandwichbauweise (Aluminium-Zentrale)

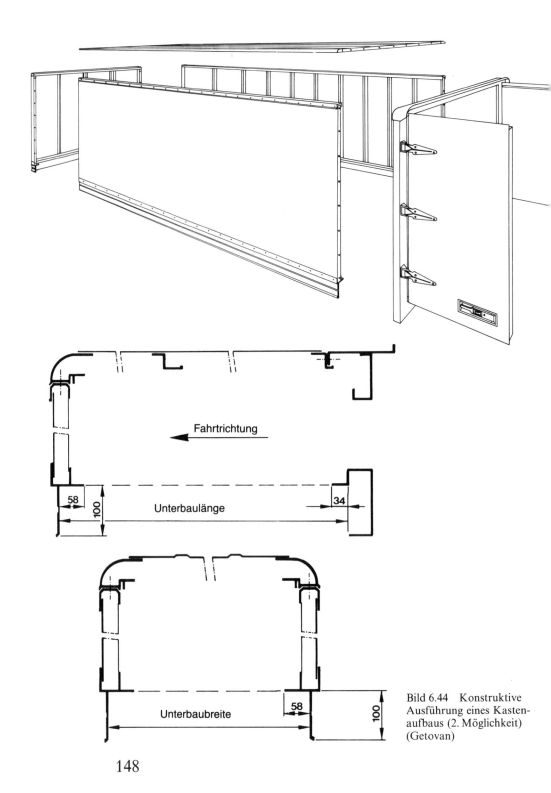

Bild 6.44 Konstruktive Ausführung eines Kastenaufbaus (2. Möglichkeit) (Getovan)

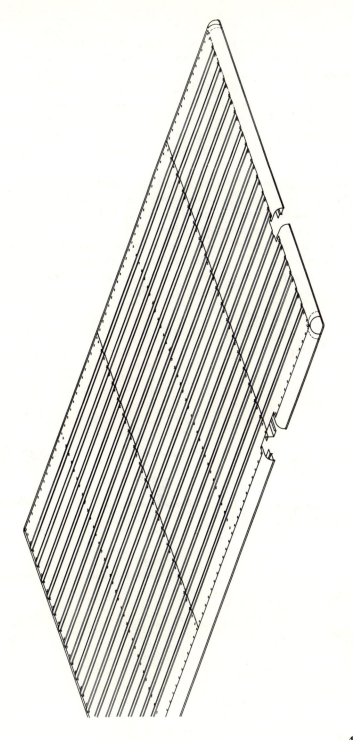

Bild 6.45 Konstruktive Ausführung des Dachs nach Bild 6.44 (Getovan)

beträgt etwa 600 mm. Auch für die Seitenwände werden Feldbreiten von 600 mm gewählt. Die Säulenprofile sind hier ebenfalls Z-Profile. Im oberen Bereich werden die Seitenwände von U-förmigen Profilen, im unteren Bereich von Profilen eingefaßt, die gleichzeitig die Möglichkeit bieten, die Bodenquerträger anzuschrauben. Die Stirnwand ist nach den gleichen Prinzipien wie die Seitenwände gefertigt. An den seitlichen Rändern werden jedoch noch Ecksäulen angebracht (Bild 6.44). Der aus Stahl bestehende Türrahmen ist zur Aufnahme der Türen aus profilierten Elementen gefertigt (Bild 6.44). Die Stahlscharniere werden an den Türrahmen geschweißt.

Für die Seitenwände und die Stirnwand kann auch eine Klemmbauweise zur Anwendung kommen. Die abgewinkelten Seitenbleche werden dabei in federnde Säulenprofile aus Stahl eingeklemmt (Bild 6.46a). Die Klemmung ist aber auch über eine Verschraubung zu erzielen (Bild 6.46b).

Durch gewellte Bleche (Bild 6.47) können die Säulenprofile entfallen. Man hat dann nur noch Randprofile, welche die Bleche umfassen. Vom Standpunkt des Leichtbaus wäre dieses die leichteste Konstruktion. Jedoch können punktförmige Belastungen, ohne die Blechstärke überzudimensionieren, nicht gut aufgenommen werden.

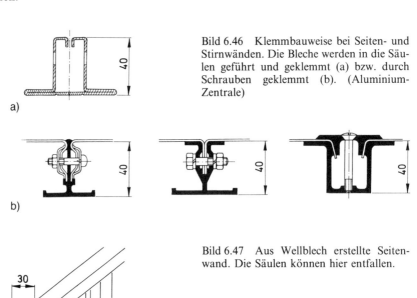

Bild 6.46 Klemmbauweise bei Seiten- und Stirnwänden. Die Bleche werden in die Säulen geführt und geklemmt (a) bzw. durch Schrauben geklemmt (b). (Aluminium-Zentrale)

Bild 6.47 Aus Wellblech erstellte Seitenwand. Die Säulen können hier entfallen.

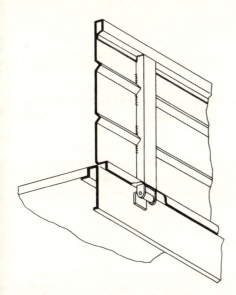
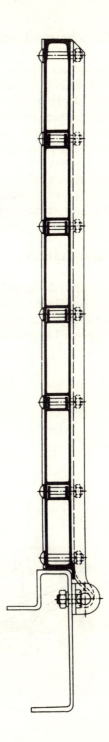

Bild 6.48a Bordwand aus Stahl (Wuppermann)

Bild 6.48b Bordwand aus Aluminium (Aluminium-Zentrale)

6.5 Pritschenaufbauten

Der Pritschenaufbau besteht im wesentlichen aus dem Hilfsrahmen und der Bodenstruktur. Erforderlich sind nur noch die Wände, die meistens an den Seiten und am Heck klappbar sind. In Bild 6.48a ist eine aus Stahlblech hergestellte Seitenwand angegeben. Durch die Sicken erhält die Blechwand eine Biegesteifigkeit. Die Längenunterteilung der Felder geschieht mit Säulen. An den Säulenfüßen befinden sich die Scharniere.

Bild 6.48b zeigt eine Wand, die aus Leichtmetallprofilen zusammengesetzt ist. In Höhe der Scharniere werden auch hier senkrechte Versteifungsprofile angebracht. Die Leichtmetallprofile können, wie in Bild 6.48b angegeben, verschraubt werden. Aber auch Klemmverbindungen und Kaltpreßschweißverbindungen sind möglich.

6.6 Fahrerhäuser

Bild 6.49 zeigt die Verbindung Fahrerhaus–Fahrgestellrahmen. Das Fahrerhaus ist dazu mit zwei am Boden verlaufenden Längsträgern versehen. Die Befestigung erfolgt vorne an zwei Lagerpunkten, um die das Fahrerhaus geschwenkt werden kann. Am hinteren Lagerpunkt befinden sich die Federung und die Dämpfung.

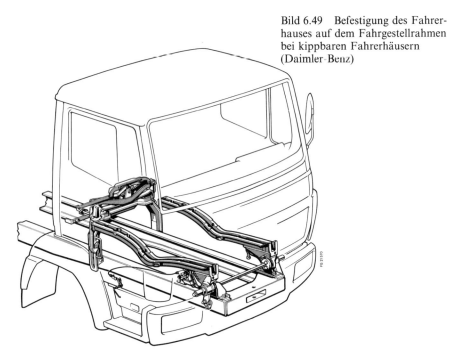

Bild 6.49 Befestigung des Fahrerhauses auf dem Fahrgestellrahmen bei kippbaren Fahrerhäusern (Daimler-Benz)

6.7 Anbauteile

6.7.1 Ladebordwände

Häufig werden am Fahrzeugheck Ladebordwände angebracht (Bild 6.50). Die Befestigung erfolgt sowohl am Fahrgestellrahmen (Schrauben) als auch am Hilfsrahmen (Schweißen).

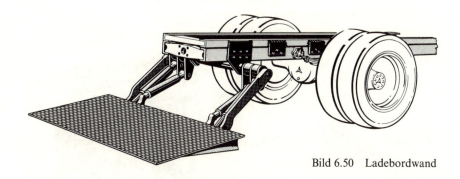

Bild 6.50 Ladebordwand

6.7.2 Unterfahrschutz

Wegen der zum Pkw relativ großen Lkw-Rahmenhöhe ist ein Unterfahrschutz aus Sicherheitsgründen erforderlich. Dabei muß unterschieden werden zwischen Heck-, Front- und Seitenschutz. Zur Ausführung kommt heutzutage der Heckunterfahrschutz (Bild 6.51). Die Vorschriften für die Gestaltung und Dimensionierung sind in der StVZO enthalten.

Bild 6.51 Unterfahrschutz

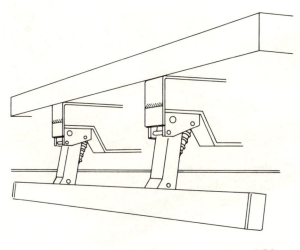

6.8 Zukünftige Konzepte

Die Möglichkeit, fast alle Aufbautypen verwenden zu können, ist der Grund dafür, daß wesentlich andere Fahrgestellrahmen in Zukunft nicht zu erwarten sind. Es werden jedoch Teillösungen angestrebt. Bild 6.52 zeigt dazu ein Beispiel. Insbesondere soll hier auf den seitlichen Unterfahrschutz hingewiesen werden. Die aufklappbare untere Seitenverkleidung dient der Verbesserung des Luftwiderstandsbeiwertes. Der Aufbauboden besteht aus einer Sandwichplatte. Im Heckbereich wurde eine Rolladentür vorgesehen.

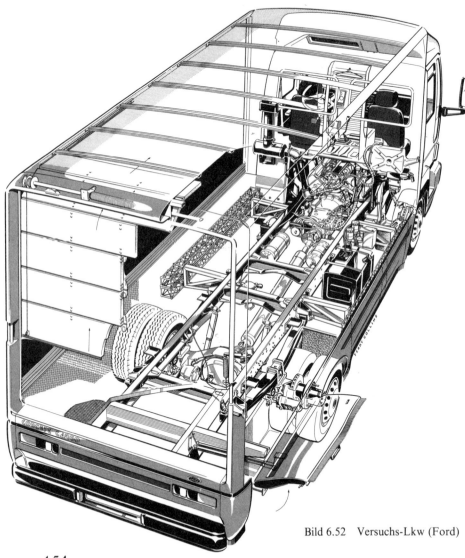

Bild 6.52 Versuchs-Lkw (Ford)

Personenwagen

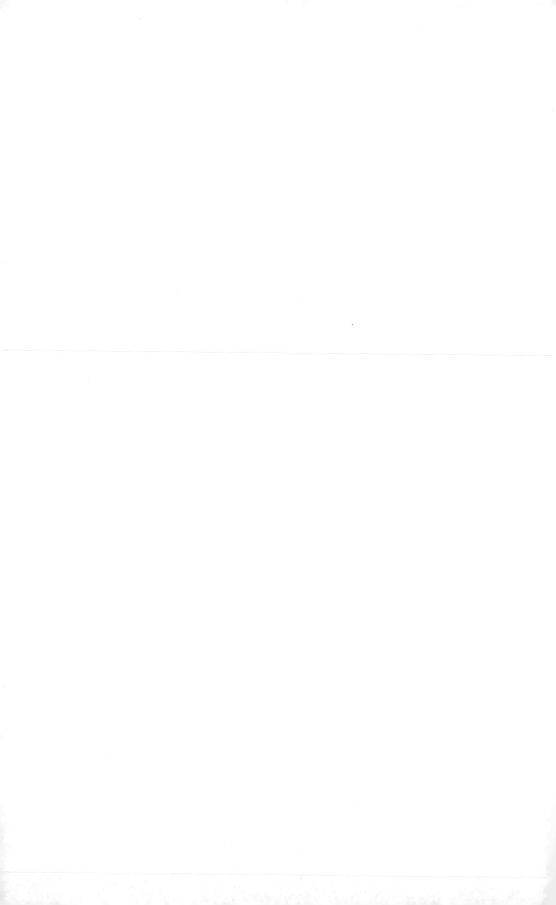

7 Grundlagen für die Karosseriegestaltung

7.1 Platz- und Raumbedarf

Zuerst muß das Fahrzeugkonzept vorgegeben sein. Dazu gehören:

☐ das Antriebskonzept
☐ das Fahrwerkskonzept
☐ das Karosseriekonzept

Eine Änderung dieser Teilkonzepte während der Entwicklung würde hohe Kosten verursachen und ist nach Möglichkeit zu vermeiden. Die Bilder 7.2a–c zeigen die Hauptabmessungen von Pkw verschiedener Größenklassen. Zusätzlich sind die Fahrzeugleergewichte und Fahrzeuggesamtgewichte aufgeführt. Neben den Außenabmessungen Fahrzeuglänge, Fahrzeugbreite und Fahrzeughöhe interessieren besonders die Innenraummaße. Dabei stehen Innenraumlänge und Innenraumhöhe in Abhängigkeit zueinander (Bild 7.1).

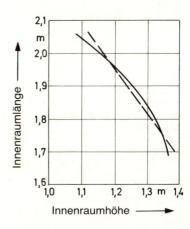

Bild 7.1 Abhängigkeit der Innenraumlänge von der Innenraumhöhe. Bei höheren Fahrzeugen sitzen die Insassen «aufrechter» (siehe Bild 7.5). Somit verkürzt sich die Länge. (ATZ 81/9)

Ein hohes Fahrzeug kann kürzer ausgeführt werden als ein niedriges Fahrzeug. Daraus folgt ein geringeres Gewicht für das hohe Fahrzeug. Allerdings weist das hohe Fahrzeug in der Regel einen größeren Luftwiderstand auf.

		C, CL, GL 40 kW (55 PS)
Außen-Abmessungen		
Länge L 103	mm	3985
Breite W 103	mm	1665
Höhe H 100	mm	1415
Spurweite W 101/W 102	vorn/hinten mm	1427/1422
Radstand L 101	mm	2475
Wendekreis-⌀ W 822 D	m	ca. 10,5
Innenraum-Abmessungen		
Einstieg 2-türig L 902/H 901 E	B./H. mm	1020/935
Einstieg 4-türig L 902 E/H 901 E	vorn B./H. mm	825/935
L 903 E/H 7 E	hinten Breite/Höhe mm	915/940
Komfortmaß L 99	mm	1837
Sitzraumfläche L 99 × W 937 E	m^2	2,60
Ellenbogenbreite vorn W 937 E	mm	1417
Schulterraumbreite W 3	vorn mm	1355
W 4	2-t/4-t hinten mm	1380/1355
Sitzbreite W 16 E/W 938 E	v./h. mm	520/1250
Beinraumlänge L 34	v. mm	1028
Sitzraum L 3	hinten mm	683
Gepäckraum		
VDA-Messung V 11/V 14	5-/2-sitzig hinten l	345/1145
Kugelmessung V 990 E/–	5-/2-sitzig hinten l	410/1360
Gepäckraum Sitzbank	aufgestellt/umgeklappt	
Länge L 203/L 202	mm	822/1287
Breite	mm	1300
Breite (zwischen den Radkästen)	mm	950
Höhe (bis Dachhimmel) H 201	mm	888
Heckklappe Höhe H 202	mm	531
Breite W 205/W 204	oben/unten mm	970/1225
Gewichte		
Leergewicht	2-/4-türig kg	845/865
Zuladung	2-/4-türig kg	515/495
zulässiges Gesamtgewicht	kg	1360
Dachlast	kg	75
zul. Achslast	vorn/hinten kg	690/690
zul. Anhängelast bis 10%	gebr./ungebr. kg	1000/460
bis 12%	gebr./ungebr. kg	800/460

Bild 7.2a Außen- und Innenmaße eines Kleinwagens (VW)

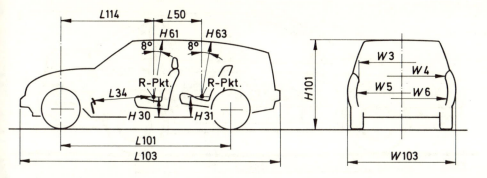

Bild 7.2b Genormte Innen- und Außenmaße nach VDA (Auswahl)

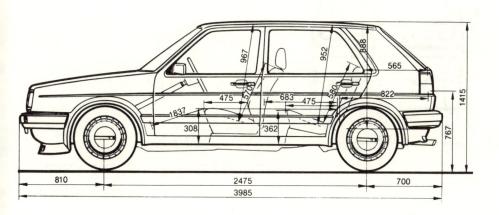

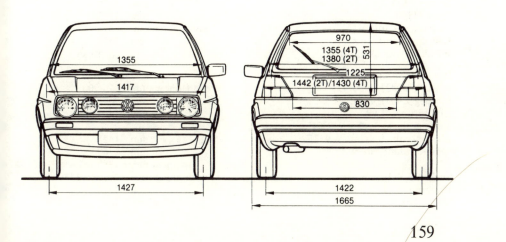

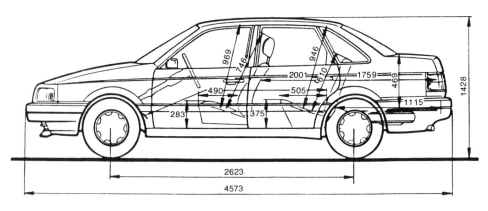

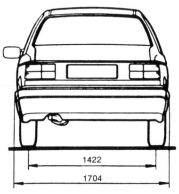

		C, CL 44 kW (60 PS)
Außen-Abmessungen		
Länge L 103	mm	4530
Breite W 103	mm	1710
Höhe H 100	mm	1395
Spurweite W 101/W 102	vorn/hinten mm	1414/1422
Radstand L 101	cm	2550
Wendekreis-⌀ W 822 D	m	ca. 10,85
Innenraum-Abmessungen		
Einstieg L 902 E/H 901 E	Breite/Höhe v. mm	915/900
Einstieg L 903 E/H 7 E	Breite/Höhe v. mm	750/900
Komfortmaß L 99	mm	1904
Sitzraumfläche L 99 × W 937 E	m^2	2,72
Ellenbogenbreite vorn W 937 E	mm	1425
Schulterraumbreite W 3	vorn mm	1360
W 4	hinten mm	1380
Sitzbreite W 16 E/W 938 E	vorn/hinten mm	2 × 540/1330
Beinraum L 34	vorn mm	1074
Sitzraum L 3	hinten mm	701

Gepäckraum
VDA-Messung V 10	hinten l	442
Kugelmessung V 980 E	hinten l	535
Länge L 203	mm	1015
Breite größte/kleinste W 200/W 201	mm	1355/945
Höhe H 924 E	mm	335

Gewichte
Leergewicht	kg	965
Zuladung	kg	456
zulässiges Gesamtgewicht	kg	1420
Dachlast	kg	75
zulässige Achslast	vorn/hinten kg	730/750
zuläss. Anhängelast bis 12%	(gebr./ungebr.) kg	850/490
bis 10%		1000/490

Bild 7.2c Außen- und Innenmaße eines Mittelklassewagens (VW)

Die Abhängigkeit des Leergewichtes von der Innenraumfläche zeigt Bild 7.3, wo auch obige Überlegung bestätigt ist. Die Streubreite ergibt sich aus unterschiedlichen Komfort- und Sicherheitsanforderungen, insbesondere der Fahrzeugbreite. Der Anteil des Karosseriegewichtes ist für ein Fahrzeug in Standardbauweise eingezeichnet. In der Darstellung ist die Abhängigkeit des Antriebsgewichtes von der Fahrzeuggröße mit enthalten. Bild 7.4 zeigt die Gewichtsanteile bei einem Mittelklasse-Pkw.

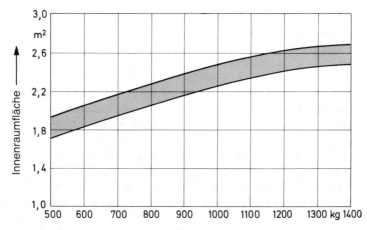

Bild 7.3 Das Leergewicht ist eine Funktion der Innenraumfläche

$$\text{Innenraumfläche} = \frac{W_3 + W_4}{2} \cdot (L34D + L50) \quad \text{(VW)}$$

Baugruppe	Gewichtsanteil in %
1. Rohbau	18,3
2. Ausbau	9,0
3. Fahrwerk	11,4
4. Antrieb	17,6
5. Ausrüstung	7,4
6. Betriebsstoffe	3,6
7. Nutzlast	32,7
Summe	100

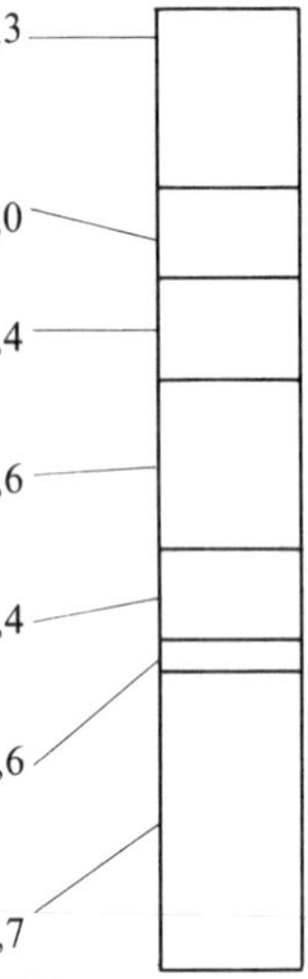

Bild 7.4 Gewichtsanteile der einzelnen Baugruppen am Gesamtgewicht für einen Mittelklasse-Pkw. Das Nutzlast/Leergewichts-Verhältnis beträgt 0,48.

7.2 Sitz- und Sichtverhältnisse

In der frühesten Phase der Fahrzeugentwicklung werden die Sitzpositionen und die daraus abgeleiteten Größen festgelegt. Die Fahrzeugsitze sind auf der Basis der Körpermeßdaten (Bild 7.5) so abzustimmen, daß ein möglichst großer Teil der in Frage kommenden Personen erfaßt werden kann. Die angegebenen Maße sind aber auch noch innerhalb einer Gruppe variabel. So ist z. B. bei einem 95%-Mann die Körperhöhe (3) um 5 cm veränderlich.

Für die Sicherheit beim Führen eines Fahrzeugs sind die Sichtverhältnisse von entscheidender Bedeutung. Dabei muß einmal unterschieden werden zwischen dem Sichtvorgang (Kopfbewegung–Augenbewegung–Wahrnehmung) und den Sichtmöglichkeiten. Letztere sind für den Karosserieentwurf zunächst zu berücksichtigen. Die Basis ist der H-Punkt in der hintersten Sitzposition. Dieser Punkt wird mit R bezeichnet. Um eine gute Sicht zu erreichen, ist dieser möglichst hoch über dem Straßenniveau zu wählen (heute etwa 400 bis 500 mm). Die Bezugslage der Augenpunkte von 95% aller Fahrer ist ein Punkt 635 mm über dem H-Punkt eines 95%-Fahrers (Bild 7.6).

Ausgehend von den Augenellipsen, können nun die Sichtwinkelbereiche ermittelt werden. Bei Verschmutzung der Scheiben werden diese durch die Wischfelder vorgegeben (Bild 7.6).

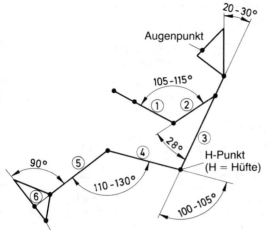

	5 % Frau	50 % Mensch	95 % Mann
①	210	237	264
②	236	268	301
③	401	447	493
④	357	404	452
⑤	418	476	535
⑥	102	107	120
Größe	1500	1650	1849

Bild 7.5a Körpermaße für verschiedene Körpergrößen. Die angegebene Sitzposition ist für Pkw-Sitzanordnungen maßgebend (VDA)

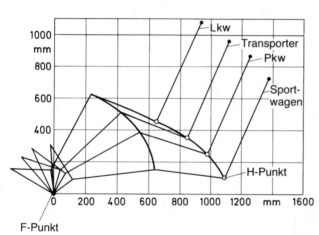

Bild 7.5b Übliche Sitzpositionen in verschiedenen Fahrzeugtypen (VDA)

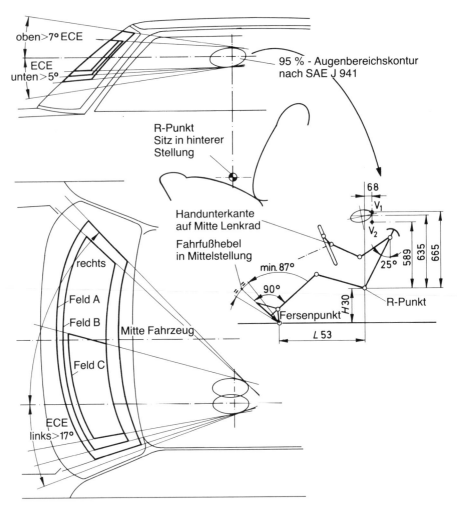

Bild 7.6 Sichtverhältnisse nach vorne bei einem Pkw. Bei Scheibenverschmutzung ergeben sich kleinere Sichtwinkel (VDA)

Bei der Rundumsicht sind neben den Sichtwinkeln auch die Verdeckungswinkel zu berücksichtigen (Bild 7.7). Die Verdeckungswinkel sind eine Funktion der Säulenquerschnitte. Da diese aus Festigkeitsgründen nicht zu schwach ausgeführt werden dürfen, sollte der Augenpunkt einen nicht zu kleinen Abstand von den Säulen haben. Kritisch kann es z. B. bei sehr stark geneigten Windschutzscheiben an der A-Säule werden. Für die Sichtpunktentfernung muß der Sehstrahl bis zur Fahrbahnoberfläche gezogen werden. Man erhält dann ein Bild von den nicht einsehbaren Straßenbereichen (Bild 7.8).

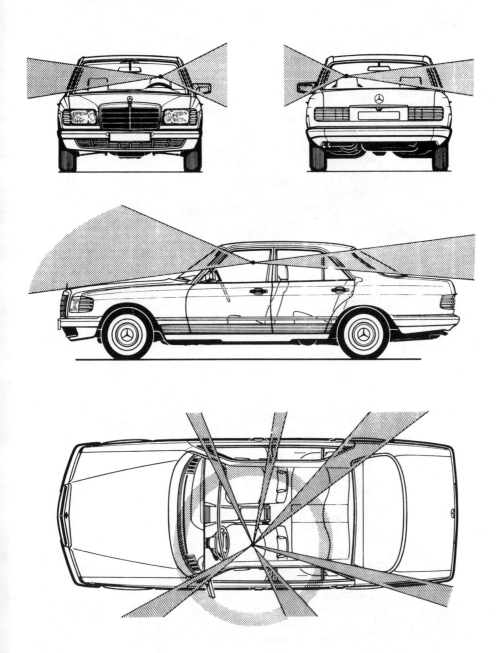

Bild 7.7 Sehstrahlen vom Augenpunkt des Fahrers in alle Richtungen (räumlich). Damit lassen sich Sichtbehinderungen beurteilen. (Daimler-Benz)

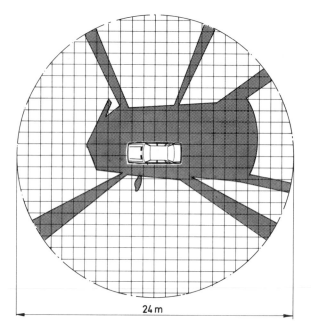

Bild 7.8
Bereiche der Fahrbahn, die nicht vom Augenpunkt des Fahrers eingesehen werden können (siehe auch Bild 7.7)

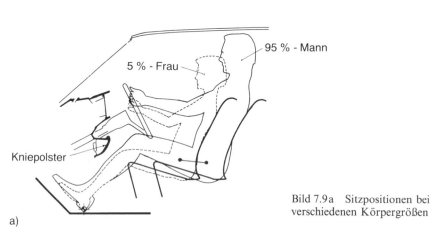

a)

Bild 7.9a Sitzpositionen bei verschiedenen Körpergrößen

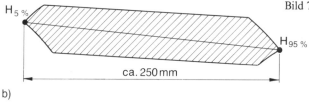

b)

Bild 7.9b Erforderlicher Sitzverstellbereich, der sich aus Bild 7.9a ergibt

Wegen der unterschiedlichen Körpergrößen ist eine Sitzverstellung vorzusehen. Für den Fahrer müssen dabei Bedingungen geschaffen werden, die eine einwandfreie Handhabung der Bedienungselemente ermöglichen. Das für die verschiedenen Körpergrößen sich ergebende H-Punkt-Feld zeigt Bild 7.9. Ebenso müssen die Bedingungen in der vertikalen Ebene erfüllt sein. Bild 7.10 zeigt den Fahrerplatz in beiden Ansichten. Die wichtigsten Bedienungselemente sollten sich innerhalb der Greifräume befinden. Neben diesen rein geometrischen Betrachtungen stehen orthopädische Probleme. Eine gleichbleibende Körperhaltung bewirkt immer eine organische Beanspruchung, selbst wenn sie kurzfristig als komfortabel empfunden wird. Der beste Fahrzeugsitz wäre eigentlich ein Sitz, bei dem die Körperhaltung ständig verändert werden könnte. Dem stehen aber fahrspezifische Vorgänge im Wege. So muß z. B. bei Kurvenfahrt vom Sitz eine abstützende Wirkung ausgehen.

Die Abstützung des Körpers erfolgt auf der Sitz- und Lehnfläche (vertikal und seitlich). Untersuchungen der Druckverteilung an Sitzen ergaben ein günstiges Profil nach Bild 7.11. Der größte Druck tritt an den Fortsätzen des Beckenknochens auf ($\approx 0,7\,N/cm^2$). Um die Durchblutung der Beine nicht zu beeinträchtigen, ist ein zur Sitzkante abfallender Druck erforderlich. An der Rückenlehne sind die Drücke wesentlich niedriger. Die seitliche Abstützung bei Kurvenfahrt (Querbeschleunigung $\approx 6\,m/s^2$) wird durch formschlüssige Seitenwülste erreicht.

Durch Fahren über eine stets unebene Straße oder durch innere Erreger (Motor) treten mechanische Schwingungen auf, die sich auf die Personen auswirken. Die Schwingungsgrößen werden bei verschiedenen Frequenzen unterschiedlich empfunden. Dieses wird in der ISO-Richtlinie (2631) nach Bild 7.12 berücksichtigt.

In einem vereinfachten Modell kann als Schwingungserreger für die Sitzfederung die Bewegung des Fahrzeugaufbaus angenommen werden. Die Vergrößerungsfunktion ist eine Funktion der Erregerfrequenz und der Sitzfedersysteme (Federkonstante, Dämpfung). Bild 7.13 zeigt die Meßergebnisse für verschiedene Materialien bei optimaler Sitzgestaltung.

Für die Frequenzabstimmung dieses Teilsystems ist zu fordern, daß einmal ein genügend großer Frequenzabstand zu den Eigenfrequenzen des Körpers (6 bis 25 Hz) und zum anderen ein genügend großer Abstand zur Fahrzeugaufbau-Eigenfrequenz (1 bis 2 Hz) gehalten wird.

Für die Betätigung der Bedienteile wird ein bestimmter Kraftaufwand benötigt. Die maximal möglichen Tretkräfte sind von der Lage der Tretfläche relativ zum Sitz und vom Abstand der Rückenstützfläche abhängig. Beide Parameter beeinflussen den Kniewinkel. Je flacher dieser ist, desto größere Tretkräfte können aufgebracht werden. Die Tretkräfte sind die Summe aus Eigengewicht der Beinsegmente und den Muskelkräften. Bild 7.14 zeigt die maximalen Betätigungskräfte bei unterschiedlicher Anordnung der Fußbedienteile. Kniewinkel und Fußwinkel sollten aber nur in kleinen Bereichen variieren.

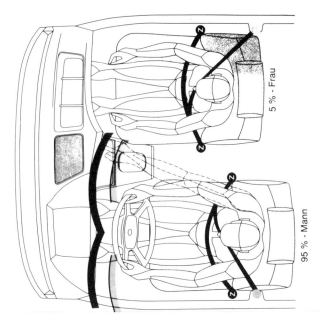

Bild 7.10
Sitzposition des 95%-Fahrers mit eingezeichneten Reichweitenkonturen (BMW)

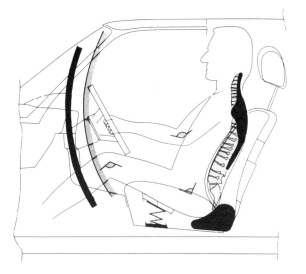

Bild 7.11
Druckverteilung an einem Fahrzeugsitz

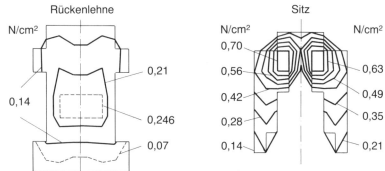

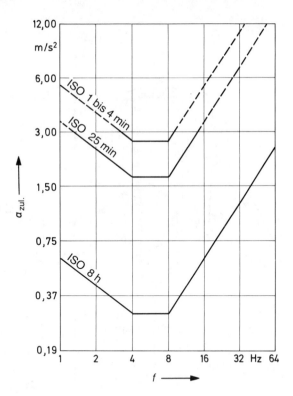

Bild 7.12
Empfindlichkeitskurven für vertikale Sitzbeschleunigungen

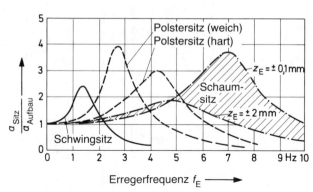

Bild 7.13
Vergrößerungsfunktionen verschiedener Sitzfederungen (Audi)

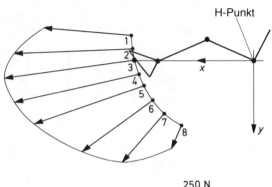

Bild 7.14
Mögliche Fußkräfte in Abhängigkeit von der Betätigungsrichtung (VDA)

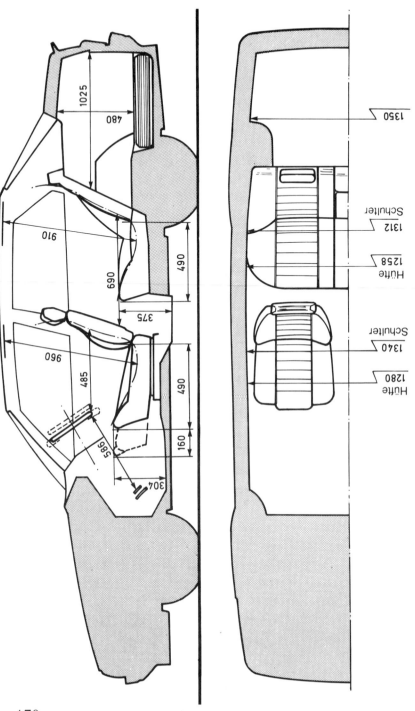

Bild 7.15 Innenraummaße eines Mittelklasse-Pkw (Alfa Romeo)

7.3 Abmessungen des Innenraumes

Nachdem die Sitzpositionen festgelegt worden sind, können die Maße der Fahrgastzelle bestimmt werden (Bild 7.15). Der Gepäckraum ist die nächste zu bestimmende Größe. Seine Abmessungen werden allerdings vom Fahrwerk sowie von der Lage des Kraftstoffbehälters und des Reserverades beeinflußt. Bei einigen Fahrzeugkonzepten wird ein variabler Kofferraum unter Heranziehung des Rücksitzbereiches vorgesehen (Bild 7.16).

Bild 7.16
Fahrzeug mit variabler
Kofferraumgeometrie
(Renault)

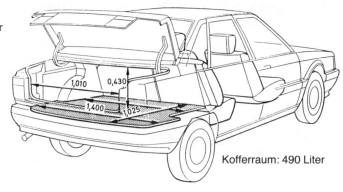

Kofferraum: 490 Liter

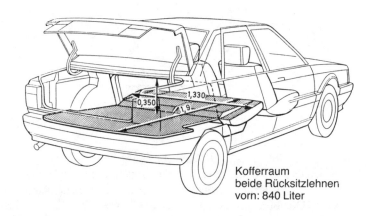

Kofferraum
beide Rücksitzlehnen
vorn: 840 Liter

7.4 Antriebs- und Fahrwerksaggregate

Das Antriebskonzept bestimmt die Lage des Motors und der weiteren Elemente, wie Getriebe, Kardanwelle, Differential und Kraftstoffbehälter (Bild 7.17). Die Abmessungen, insbesondere die Höhe des Motors, haben einen entscheidenden Einfluß auf die Gestaltung des vorderen Karosserieabschnitts. Von der Höhe hängt die Gestaltung der Haubenkontur ab. Der Motor kann längs oder quer eingebaut werden. Die Querlage ermöglicht eine kürzere Bauweise. Sie kann aber nur bei Vorderradantrieb angewandt werden. Bei Fahrzeugen mit Standardantrieb muß für die Kardanwelle ein Tunnel vorgesehen werden. Dieser Tunnel kann bei Frontantrieb entfallen (Bild 7.17).

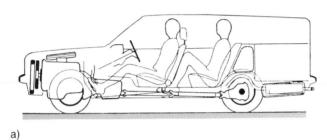

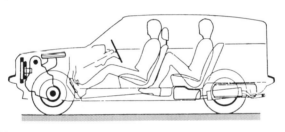

Bild 7.17
Anordnung des Antriebsstrangs und des Kraftstoffbehälters bei einem
a) Fahrzeug mit Standardantrieb
b) Fahrzeug mit Vorderradantrieb (Quermotor)

Ein Problem ist die Unterbringung des Kraftstoffbehälters. Aus sicherheitstechnischen Gründen darf dieser nicht auf der Motorseite liegen. Ferner muß die Lage des Kraftstoffbehälters so sein, daß er bei einem Crash nicht beschädigt wird. Der Bereich vor oder über der Hinterachse hat sich als eine sichere Lage erwiesen (Bild 7.18). Bei Standardantrieb scheidet aber die Möglichkeit c) aus. Aus Platzgründen für den Kofferraum, insbesondere bei Kombifahrzeugen und «durchladbaren» Stufen- bzw. Stumpfheckfahrzeugen, wird der Kraftstoffbehälter häufig im Heckboden untergebracht.

Die Auspuffleitung wird unter dem Fahrzeugboden befestigt. Aus thermischen Gründen muß diese einen bestimmten Abstand vom Fahrzeugboden haben. Eventuell müssen an bestimmten Stellen Hitzeschilder angebracht werden. Aus

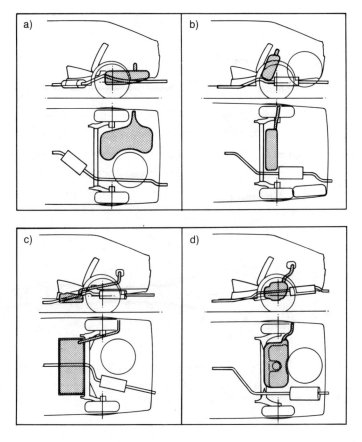

Bild 7.18 Mögliche Anordnungen des Kraftstoffbehälters in einem Fahrzeug mit Vorderradantrieb (VW)

aerodynamischen Gründen ist ein glatter Fahrzeugboden erwünscht (niedriger c_W-Wert). Daher wurde ein Konzept entwickelt, bei dem die Auspuffleitung durch den Tunnel geführt wird (Bild 7.19). Gleichzeitig werden damit aber auch die Auspuffgeräusche erheblich reduziert. Die Kühlung erfolgt durch einen geführten Luftstrom.

Der für das Fahrwerk vorgesehene Raum hängt von der Art des Fahrwerks ab. Ferner sind Einfederungen und Lenkeinschläge zu berücksichtigen. Bild 7.20 zeigt eine Aggregateanordnung. Das vordere Fahrwerk ist über Federbeine mit der Karosserie verbunden. Die Querträger werden an einem Hilfsträger befestigt. Das hintere Fahrwerk befindet sich an einem Hilfsrahmen, der an drei Punkten mit der Karosserie verbunden ist. Die Federn stützen sich direkt an der Karosserie ab.

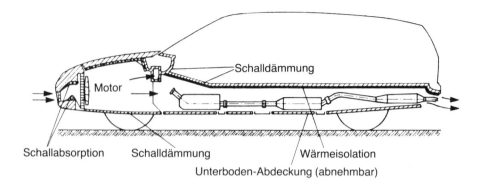

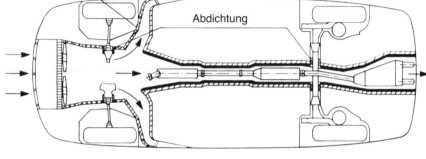

Bild 7.19 Kühlluftführung bei gekapseltem Motor und geschlossenem Tunnel (Uni-Car)

Bild 7.20 Aggregateanordnung

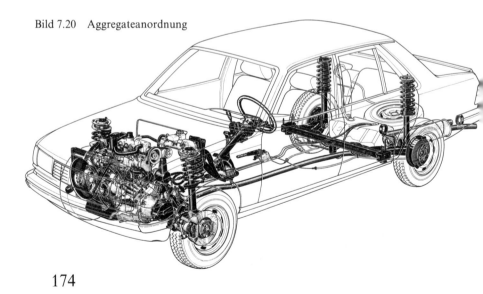

8 Passive Sicherheit

Die äußere Sicherheit umfaßt alle fahrzeugbezogenen Maßnahmen, welche die Verletzungsschwere der am Unfall beteiligten Personen außerhalb des Fahrzeugs gering halten. Die innere Sicherheit umfaßt alle fahrzeugtechnischen Maßnahmen, deren Zweck es ist, die bei einem Unfall auf die Insassen wirkenden Kräfte und Beschleunigungen niedrig zu halten und dabei einen Überlebensraum zu sichern, verbunden mit Möglichkeiten der Insassenbefreiung. Frontalkollisionen treten am häufigsten auf und sind daher Gegenstand von gesetzlich vorgeschriebenen Versuchen. In Vorbereitung sind gesetzlich vorgeschriebene Versuche, die den Seitenaufprall und Heckaufprall zum Inhalt haben.

Bei einer Kollision treten Beschleunigungen und als Folge daraus Kräfte auf, die zu Verletzungen der Insassen führen können (Bild 8.1). Neben mechanischen Verletzungen am Körper können diese Beschleunigungen bei bestimmter Einwirkdauer irreversible Gehirnschäden nach sich ziehen. In Bild 8.2 ist diese Beziehung dargestellt. Der hier vorkommende Parameter a = konst. tritt beim realen Versuch nicht auf. Um aber auch hier die Verletzungsschwere beurteilen zu können, sind integrale Größen eingeführt worden, die aufgrund von Versuchen in Verbindung mit der Patrik-Kurve zustande kamen. Der Verletzungsschwere-Index (SI) ist definiert durch

$$SI = \int_0^t a^{2,5} \cdot dt \qquad (8.1)$$

In Bild 8.3 ist dieser Wert als Fläche dargestellt. Er soll den Wert 1000 nicht überschreiten. Speziell für die Verletzungsschwere des Gehirns wird ein weiterer Wert verwendet. Als Maß gilt der HIC-Wert. Er ist definiert durch

$$HIC = a_m^{2,5} \cdot \Delta t \qquad (8.2)$$

Dazu wird der Mittelwert a_m der Beschleunigung über jedes beliebige Zeitintervall Δt bestimmt (Bild 8.4). Mit dem HIC-Wert können daher auch Teilvorgänge besser beschrieben und beurteilt werden. Dagegen wird mit dem SI-Wert nur eine Gesamtaussage gemacht. Der HIC-Wert sollte ebenfalls den Betrag 1000 nicht überschreiten. Für die Untersuchung des Kollisionsvorganges wird ein einfaches Modell gewählt. Angenommen ist hierbei für das Fahrzeug ein Einmassenmodell nach Bild 8.5. Die Deformationsstruktur wird als masselos angesehen. Kräfte und Beschleunigungen sind dann zueinander proportional.

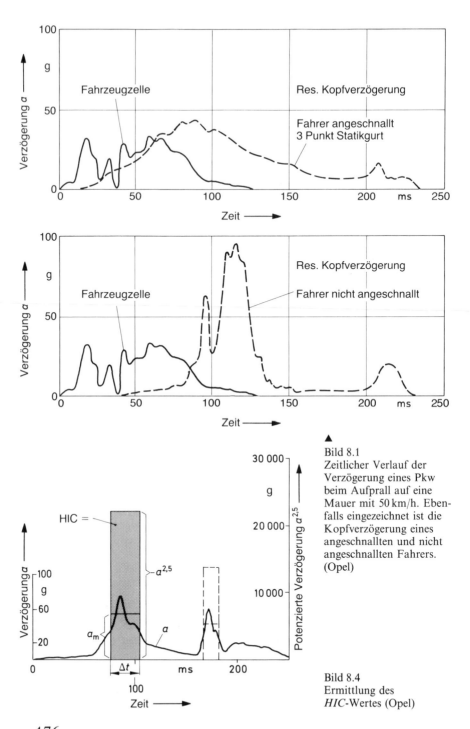

Bild 8.1
Zeitlicher Verlauf der Verzögerung eines Pkw beim Aufprall auf eine Mauer mit 50 km/h. Ebenfalls eingezeichnet ist die Kopfverzögerung eines angeschnallten und nicht angeschnallten Fahrers. (Opel)

Bild 8.4
Ermittlung des HIC-Wertes (Opel)

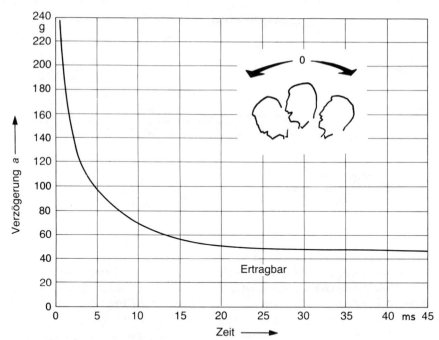

Bild 8.2 «Patrik-Kurve»: Die zulässigen Kopfverzögerungen sind abhängig von der Einwirkdauer

Bild 8.3 Ermittlung des SI-Wertes (Opel)

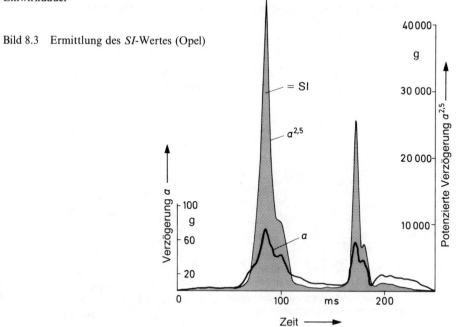

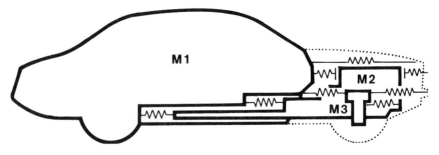

Bild 8.5 Vereinfachtes Fahrzeugmodell für die Untersuchung der Bedingungen beim Zusammenstoß (Opel)

Die Masse der Insassen ist je nach Art des Rückhaltesystems in bestimmten Bereichen zu berücksichtigen. Bei nicht angeschnallten Personen bleibt also auch die Masse der Insassen unberücksichtigt, worauf weiter unten eingegangen wird. Gleiche Überlegungen müssen auch für die Beladung bzw. die Antriebseinheit durchgeführt werden. Ist die Größe dieser freien Massen relativ zur Fahrzeugmasse klein, dann kann in erster Näherung dieser Vorgang getrennt untersucht werden.

Bewegen sich wie z. B. beim Frontalzusammenstoß zwei Massen m_1 und m_2 mit ihren Geschwindigkeiten v_1 und v_2 aufeinander zu, so kann die Schwerpunktsgeschwindigkeit v_s dieses 2-Massen-Systems bestimmt werden (Bild 8.6):

$$v_s = \frac{m_1 \cdot v_1 - m_2 \cdot v_2}{m_1 + m_2} \tag{8.3}$$

Stoßen die beiden Massen aufeinander, so bleibt in jedem Augenblick die Schwerpunktsgeschwindigkeit gleich. Nach erfolgter Verformung der Stoßzonen

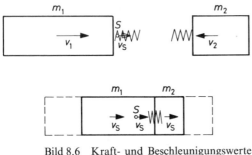
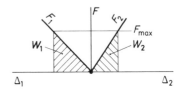
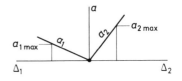

Bild 8.6 Kraft- und Beschleunigungswerte in Abhängigkeit der Fahrzeugdeformationen

haben also beide Massen die gleiche Geschwindigkeit v_s und somit die kinetische Energie:

$$W''_{kin} = \frac{m_1 + m_2}{2} \cdot v_s^2 \tag{8.4}$$

Vor dem Stoß hatten beide Massen zusammen die kinetische Energie:

$$W'_{kin} = \frac{m_1}{2} \cdot v_1^2 + \frac{m_2}{2} \cdot v_2^2 \tag{8.5}$$

während des Stoßvorganges ist also die Energie:

$$W = W'_{kin} - W''_{kin} = \frac{1}{2} \frac{m_1 \cdot m_2}{m_1 + m_2} (v_1 + v_2)^2 \tag{8.6}$$

von den beiden Stoßzonen aufgenommen worden.

Nach dem Prinzip Aktion gleich Reaktion ist die Kraft zwischen den beiden Massen an der Berührungsstelle in jedem Augenblick gleich, also auch am Ende des Stoßvorganges. Damit ist auch nach Bild 8.6 die Aufteilung der Energie $W = W_1 + W_2$ auf beide Stoßzonen gegeben. Nach Newton ist die Verzögerung der beiden Massen:

$$a_1 = \frac{F}{m_1}, \quad a_2 = \frac{F}{m_2} \tag{8.7}$$

Das Fahrzeug mit der kleineren Masse hat also in jedem Fall die größere Verzögerung.

Ist der Stoßpartner eine ruhende feste Wand ($m_2 \to \infty$, $v_2 = 0$) mit der Federsteifigkeit unendlich, also ohne Energieaufnahmevermögen, so kann hier angesetzt werden:

$$W = W_1 = \frac{m_1}{2} \cdot v_1^2 \tag{8.6a}$$

$$a = a_1 = \frac{F}{m_1} \tag{8.7a}$$

In der Praxis wird ein Fahrzeug für den Maueraufprall dimensioniert. Dann muß auch das Fahrzeug mit der größeren Masse die größere Federsteifigkeit haben (Bild 8.7). Stoßen zwei Fahrzeuge aufeinander, so verformt sich die Stoßzone des Fahrzeuges mit der kleineren Masse stärker als die des Fahrzeuges mit der größeren Masse (Bild 8.7).

Bisher wurde nur der untere Grenzfall, also der Fall der vollelastischen Stoßzone, berücksichtigt. Das maximale Energieaufnahmevermögen für die Stoßzone ergäbe sich bei vollplastischem Stoß (Bild 8.8). Geschieht die Auslegung der Stoßzone hier wieder nach dem Maueraufprall, so würde das bedeuten, daß das Fahrzeug mit der größeren Masse theoretisch keine Verformung erleidet (Bild 8.8). Der wirkliche Verlauf der Kennung liegt zwischen diesen beiden Grenzfällen (Bild 8.9).

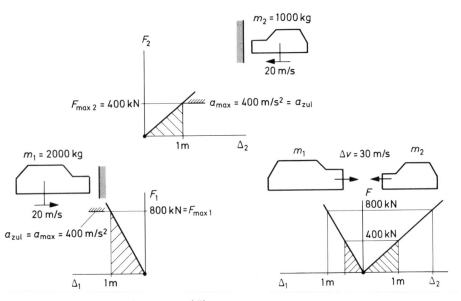

Bild 8.7 Kraft- und Verformungsverhältnisse zweier zusammengestoßener Fahrzeuge, die nach dem Maueraufprall ausgelegt wurden (Kennung 1)

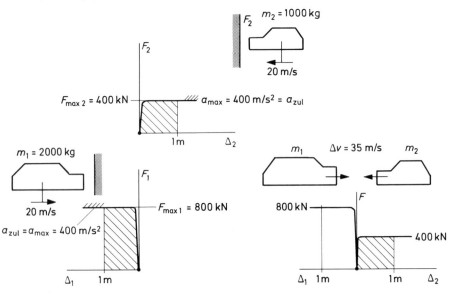

Bild 8.8 Kraft- und Verformungsverhältnisse zweier zusammengestoßener Fahrzeuge, die nach dem Maueraufprall ausgelegt wurden (Kennung 2)

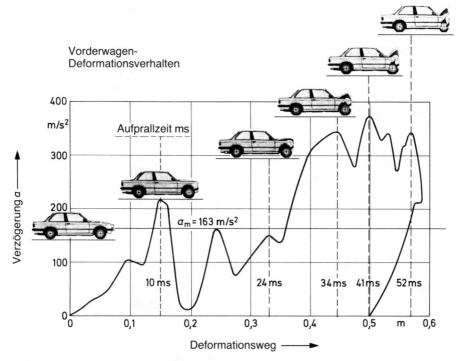

Bild 8.9 Reale Kraft-(Verzögerungs-)Weg-Kurve.
Die Kraft ergibt sich aus $F = m \cdot a$ (BMW)

Nachdem bisher nur die Fahrzeugverzögerung betrachtet wurde, soll jetzt der Bewegungsablauf der Insassen beschrieben werden. Wären die Insassen fest mit der Zelle verbunden, so würde ihre Verzögerung gleich der des Fahrzeuges sein. Im allgemeinen bewegen sich aber die Insassen im ersten Augenblick unverzögert, bis es zu einem Abfangen kommt. Dieses Abfangen kann geschehen durch einen Aufprall gegen das Lenkrad, die Schalttafel, Windschutzscheibe usw. oder aber durch einen Sicherheitsgurt. Je strammer der Sicherheitsgurt angelegt ist, um so früher beginnt das Abfangen (Bild 8.10). Im vorhergehenden Bild und in den nachfolgenden Bildern sind konstante Beschleunigungen in den Teilvorgängen angenommen worden.

Der Stoßvorgang Insasse–Fahrgastzelle kann in erster Näherung, wie schon erwähnt, getrennt behandelt werden. Es gelten dann hier die gleichen Gesetzmäßigkeiten wie zuvor. Die Energie W_I, die beim Abfangen vernichtet werden muß, ist:

$$W_I = \frac{m_I}{2} \cdot \Delta v^2 \qquad (8.8)$$

Insasse mit Gurt

Insasse ohne Gurt

Bild 8.10
Geschwindigkeits-Zeit-Verlauf eines Fahrzeugs (idealisiert) und Geschwindigkeits-Zeit-Verlauf eines angegurteten (1) und eines nicht angegurteten (2) Fahrers. Die zurückgelegten Wege sind gleich den Flächen unter den entsprechenden Kurven.

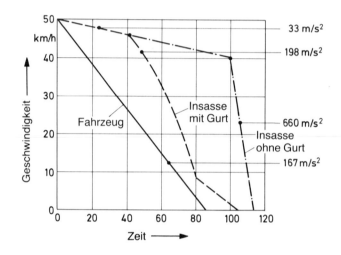

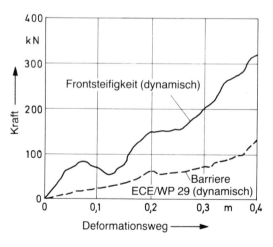

Bild 8.11
Front- und Seitensteifigkeit eines Pkw (VW)

Sie ist also von der Geschwindigkeitsdifferenz Δv zwischen Fahrgastzelle und Insassen abhängig. Daher sollte auch durch zweckmäßige Gurte Δv sehr klein gemacht werden (z. B. durch Gurtstrammer, H-Gurte usw.). Sollte es beim Zusammenstoß zum Aufprall gegen das Lenkrad, die Schalttafel, Windschutzscheibe usw. kommen, so müssen diese Aufschlagstellen so beschaffen sein, daß sie möglichst weich sind und damit die Aufschlagkraft verringern.

Wie zu Anfang dieses Kapitels erwähnt, treten aber nicht nur Frontalzusammenstöße auf. Ein besonders kritischer Fall liegt vor, wenn das Fahrzeug seitlich kollidiert. Zwar ist die Geschwindigkeit des gestoßenen Fahrzeugs gleich null, die Länge der zur Verfügung stehenden Stoßzone aber sehr klein. Auch das Energieaufnahmevermögen ist im allgemeinen sehr gering (weiche Stoßzone). Bild 8.11 zeigt das Kraft-Verformungs-Schaubild eines Pkw für die Front und für die Seite. Beim geraden seitlichen Stoß sind die Stoßgesetze wie beim Frontalaufprall anwendbar, wenn eine Geschwindigkeit des gestoßenen Fahrzeugs gleich null gesetzt wird. Eigentlich müßte die seitliche Struktur des gestoßenen Fahrzeugs steifer als die Frontstruktur des stoßenden Fahrzeugs sein, damit der Hauptanteil der Stoßenergie vom stoßenden Fahrzeug aufgenommen werden kann.

Die Bewegung der Insassen im seitlich gestoßenen Fahrzeug kann vereinfacht folgendermaßen erklärt werden. Danach sind die Fahrzeuginsassen im ersten Augenblick in Ruhe, während das Fahrzeug seitlich beschleunigt wird. Erst bei Auftreffen des Körpers oder des Kopfes auf ein Hindernis werden die Insassen beschleunigt (die Sicherheitsgurte treten beim Seitenaufprall kaum in Aktion). Daraus leitet sich die Forderung ab, möglichst weiche Seitenpolster, insbesondere für den Kopf, vorzusehen. Die Forderung kann, z. B. bei kleinen Personen, nicht immer erfüllt werden.

Neben den bisher behandelten Frontalkollisionen und Seitenkollisionen, die auch noch nach Lage der Stoßpartner unterschieden werden müssen, können weitere Kollisionen in verschiedenen Formen vorkommen. Für den Konstrukteur stellt sich das Kollisionsproblem daher sehr komplex dar. Es wurde deshalb der Versuch unternommen, die Energieaufnahme in einem Energieraster zu beschreiben (Bild 8.12). Dieses Energieraster ist durch Versuche bestimmbar. Aus diesem Energieraster kann so die Energieaufnahme beliebiger Stoßvorgänge beschrieben werden. Schließlich sei noch die Sicherheit für die äußeren Verkehrsteilnehmer (Fußgänger, Radfahrer) erwähnt. Einigermaßen Schutz vor Verletzungen des Fußgängers (Radfahrers) bietet eine Verkleidung des Vorderwagens mit einem Softface nach Bild 8.13.

Weitere Maßnahmen wären eine weiche Motorhaube, deren Abstand von den inneren harten Motorteilen gewährleistet sein muß (z. B. 10 cm), eine weiche Lagerung der Windschutzscheibe und ein Polster an der Windschutzscheibenoberkante. Die Scheibenwischer müßten versenkt angebracht werden.

Aufgrund der vorherigen Überlegungen ergeben sich Konstruktionsrichtlinien zur Gestaltung der Fahrzeugstruktur und des Fahrzeuginnenraumes.

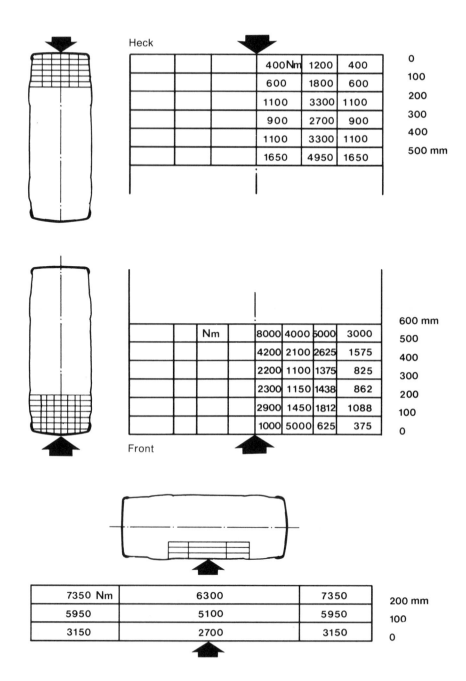

Bild 8.12 Energieraster für verschiedene Stoßkonfigurationen (Opel)

zu Bild 8.12

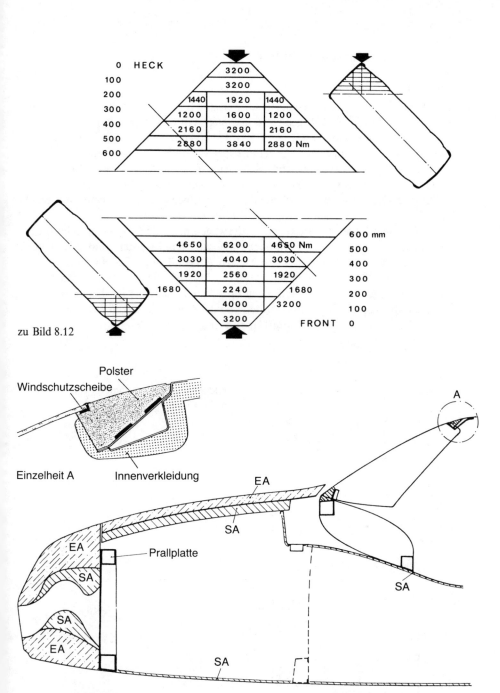

EA = energieaufnehmender Schaum   SA = schallabsorbierendes Material

Bild 8.13   «Weiche» Gestaltung eines Vorderwagens (Uni-Car)

8.1 Strukturmaßnahmen

Frontaufprall

Eine ideale Kennung der Frontalstruktur ergäbe Bild 8.14. Mit dem ersten Bereich könnte sowohl ein Fußgängerschutz als auch ein Schutz bei kleinen Aufprallgeschwindigkeiten erreicht werden. Bild 8.15 zeigt dazu eine Möglichkeit. Mit dem zweiten Bereich könnte dann die Kompatibilität berücksichtigt werden, d. h., der Bereich müßte so ausgelegt sein, daß beim Zusammenstoß zweier Fahrzeuge unterschiedlicher Massen eine günstige Energieverteilung auf beide Stoßzonen stattfindet. Der dritte Bereich diente dann dem Eigenschutz, z. B. beim Maueraufprall.

Ein Problem bildet der meist im Vorderwagen liegende Motor-Getriebe-Block, der durch geeignete Maßnahmen nach unten abgelenkt werden muß, um nicht in die Fahrgastzelle hineingedrückt zu werden. Eine Lösung zeigt Bild 8.16.

Die Längsstöße sollten von Längsträgern übernommen werden, deren Deformationsverhalten durch Aussteifungen oder Sicken definiert ist. Dabei ist zu beachten, daß das Deformationsverhalten von der Geschwindigkeit abhängig ist. Im Idealfall verformen sich die Längsträger durch Faltenbeulen.

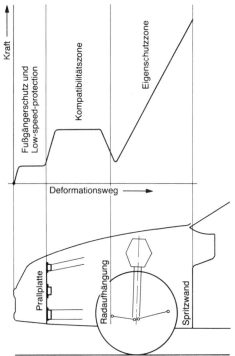

Bild 8.14 Ideale Kennung eines Vorderwagens hinsichtlich Partnerschutz

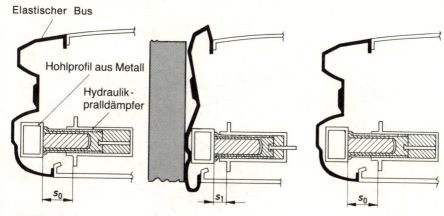

Bild 8.15 «Reversible» Verformung einer Knautschzone im vorderen Teil

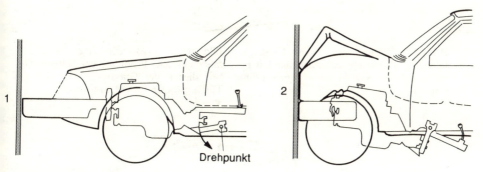

Bild 8.16 Konstruktive Maßnahme zur Verschiebung des Motors nach unten bei einem Crash (Volvo)

Der meist vorkommende seitlich versetzte Stoß oder der Stoß auf einen Pfahl kann nur mit stark dimensionierten Querträgern oder besser durch eine Querfront aufgenommen werden (Bild 8.17). Die Stoßkräfte können entweder in die Bodenstruktur oder aber auch zusätzlich in andere Strukturbereiche geleitet werden. Bei schrägen Stößen sollte der vordere Rahmenverbund eine ausreichende Steifigkeit besitzen.

Seitenaufprall

Zur Erhöhung der Seitensteifigkeit müßte auf jeden Fall ein Querträgersystem in Höhe der B-Säule angebracht werden (Bild 8.18). Bei den heutigen Pkw mit längsverstellbaren Sitzen ist eine solche Maßnahme aber nicht möglich. Die Erhöhung der Quersteifigkeit in Höhe der A- und C-Säule ist ohne große

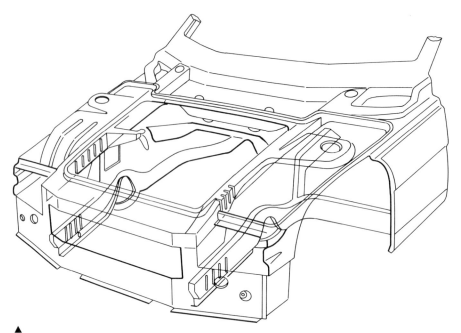

▲
Bild 8.17 Vorderwagen eines Versuchsfahrzeugs. Die energieaufnehmenden Längsträger befinden sich in zwei Ebenen. (Uni-Car)

Bild 8.18 Fahrgastzelle eines Versuchsfahrzeugs. Zur Erhöhung der Seitensteifigkeit dienen der Querträger ① und die Türlängsträger ② . (Uni-Car)
▼

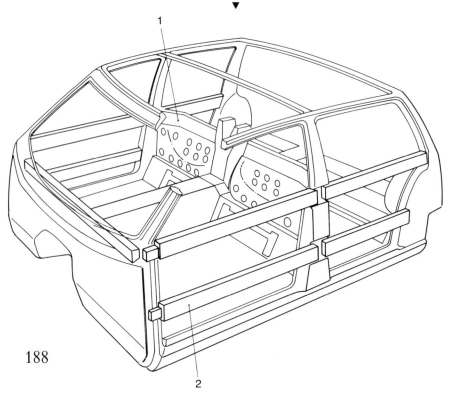

Schwierigkeiten zu verwirklichen. Zwischen den Säulen müssen die Schweller und in den Türen eingebaute Träger die Kräfte übertragen (Türschlösser, Scharniere, Zugbänder, s. auch Bild 10.9).

8.2 Innenraummaßnahmen

In den meisten Fällen bieten Rückhaltesysteme (Gurte) den besten Schutz. In Bild 8.19 ist ein Rückhaltesystem dargestellt. Die ideale Gurtgeometrie ist aus verschiedenen Gründen nicht immer gegeben. Besonders durch unterschiedliche Körpergrößen können Fehler auftreten. Aber auch eine zu weiche Sitzpolsterung kann zu einem Untertauchen des Körpers führen.

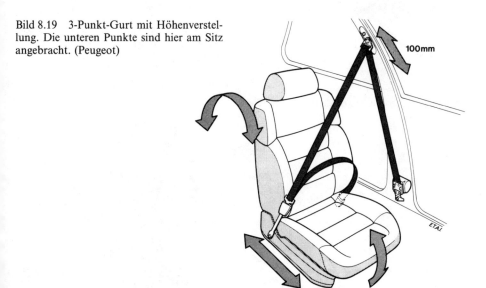

Bild 8.19 3-Punkt-Gurt mit Höhenverstellung. Die unteren Punkte sind hier am Sitz angebracht. (Peugeot)

Nicht immer reichen Gurtmaßnahmen aus. Dann müssen Aufschlagpolster, insbesondere Kniepolster, die Restenergie aufnehmen. Das Lenkrad ist sicherheitstechnisch ein besonders kritisches Bauteil. Es sollte verformbar sein oder besser noch mit einem Prallkopf versehen sein (Bild 8.20). Eine weitere konstruktive Maßnahme stellt die Längsverschiebungsmöglichkeit der Lenkspindel dar.

Ein neues passives Sicherheitssystem «procon/ten» benutzt die Relativbewegung zwischen Antriebseinheit und Karosserie bei einem Aufprall (Bild 8.21). Hierbei wird die Relativbewegung über Seile gelenkt, um zum einen das Lenkrad in Richtung Schalttafel wegzuziehen und zum anderen die Sicherheitsgurte der vorderen Sitzplätze vorzustrammen («Gurtstrammer-Effekt»).

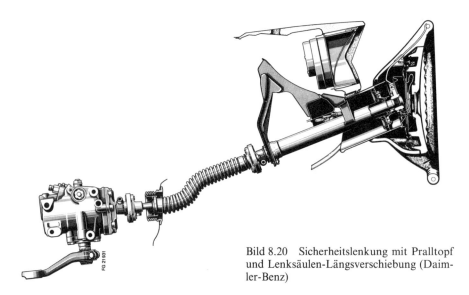

Bild 8.20 Sicherheitslenkung mit Pralltopf und Lenksäulen-Längsverschiebung (Daimler-Benz)

Bild 8.21 Sicherheitssystem «procon/ten» (Audi)

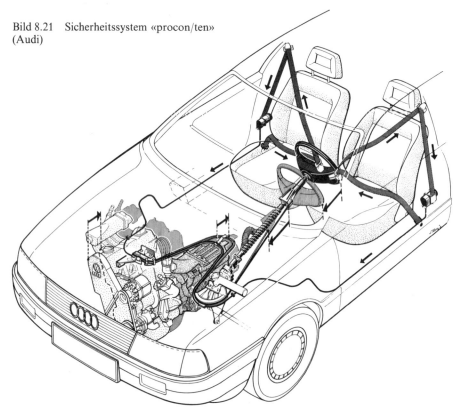

Bei einem Wandaufprall mit 50 km/h ergaben sich folgende Belastungswerte für Fahrer und Beifahrer:

HIC (Kopf) = 340/322
SI (Brust) = 164/178

wobei die maximalen Verzögerungen a_{max} (3 ms) für den Fahrer 26 g und für den Beifahrer 28 g betrugen.

Weitere passive Sicherheitssysteme arbeiten mit dem Airbag-System (Bild 8.22). Hier wird bei einem Aufprall ein sich im Lenkrad befindliches Luftkissen innerhalb kurzer Zeit (30 ms) aufgeblasen und somit ein Aufschlagpolster geschaffen.

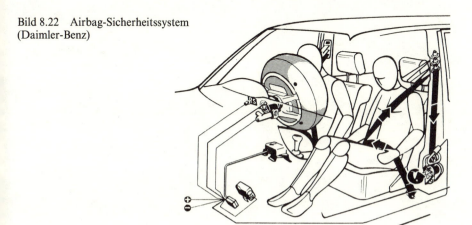

Bild 8.22 Airbag-Sicherheitssystem (Daimler-Benz)

9 Zeichnerische Darstellungen

Die Darstellung einer Karosserie-Außenhaut geschieht mit Hilfe von Formlinien und Hüllenlinien. Formlinien ergeben sich, wenn die Karosserie mit ebenen, zur Projektionsebene parallelen Flächen geschnitten wird (Bild 9.1a). (Bekannt ist diese Methode von den Landkarten her, wo diese Linien mit «Höhenlinien» bezeichnet sind.)

Eine Karosserie (oder ein Teil davon) ist in einer einzigen Ansicht darstellbar, wenn mehrere Schnittebenen verwendet werden. Dazu wählt man eine Bezugsebene. Der Abstand der Schnitte von der Bezugsebene wird an die Formlinie geschrieben (Bild 9.1b). Sind weitere Ansichten interessant, so kann das Verfahren auf neue Projektionsebenen angewandt werden (Bild 9.1c).

Eine zweite Art von Linien, die auf der Karosserieaußenhaut liegen, sind die Hüllenlinien. Diese Linien stellen meist Kanten oder Ausschnitte dar (Bild 9.2). Kanten können auch mit einem Radius versehen sein. Es stellt dann die Hüllenlinie den Schnittpunkt der Tangenten an die Rundung dar.

Bild 9.3 zeigt eine Karosserie-Außenhaut mit Formlinien und Hüllenlinien. Aus den Hüllenlinien ist die eigentliche Kontur der Karosserie zu erkennen. Hüllen- und Formlinien können auch als Drahtmodell gesehen werden. Jede Linie stellt einen Draht dar, so daß ein «Drahtgerippe» entsteht.

In der Karosserie-Entwicklung geht man heutzutage von Tonmodellen (1:5 bis 1:1) aus. Diese Tonmodelle werden punktweise abgetastet (Bild 9.4). Daraus ergeben sich die Formlinien und Konturlinien (Hüllenlinien). Diesem Abtastprozeß können noch Glättungsprozesse nachgeschaltet werden. Die weitere Verarbeitung der Daten geschieht dann auf dem Reißbrett oder auf dem Bildschirm.

Liegt eine Karosserie nur mit wenigen Hüllenlinien (Konturlinien) fest, so bedient man sich zur Ermittlung von Formlinien der Austragungsmethode. Diese Austragungsmethode setzt voraus, daß zwischen den Konturlinien räumlich gekrümmte Flächen vorhanden sind. Bild 9.5 zeigt eine Karosserie im Vorderwagenbereich, bei der nur die Hüllenlinien H_1–H_5 gegeben sind. Die von den Hüllenlinien eingegrenzten Bereiche können im einzelnen ausgetragen werden. Dazu bedient man sich verschiedener proportionaler Verteilermethoden (Bild 9.6 und 9.7).

Mit Hüllen- und Formlinien ist eine Außenhaut bestimmt. Die Strukturträger werden von dieser Außenhaut begrenzt. Mit Hilfe des Drahtmodells können auch die Träger dargestellt werden.

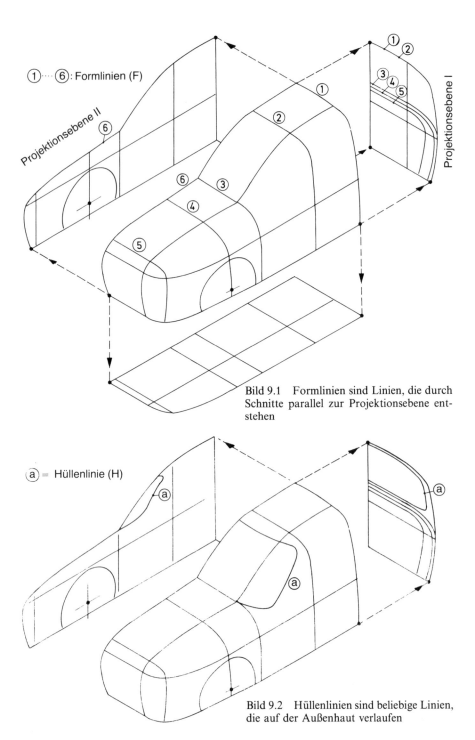

Bild 9.1 Formlinien sind Linien, die durch Schnitte parallel zur Projektionsebene entstehen

Bild 9.2 Hüllenlinien sind beliebige Linien, die auf der Außenhaut verlaufen

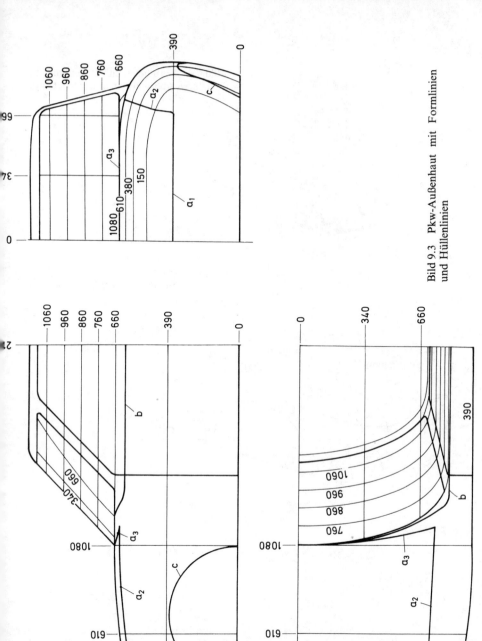

Bild 9.3 Pkw-Außenhaut mit Formlinien und Hüllenlinien

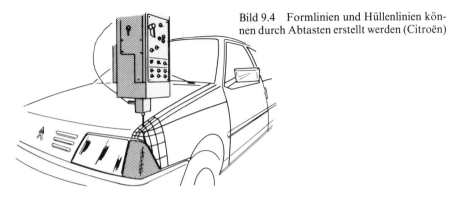

Bild 9.4 Formlinien und Hüllenlinien können durch Abtasten erstellt werden (Citroën)

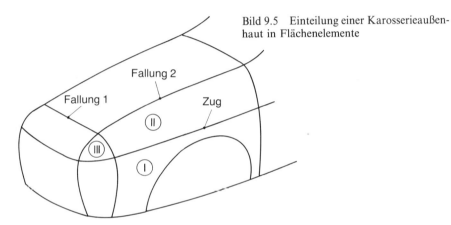

Bild 9.5 Einteilung einer Karosserieaußenhaut in Flächenelemente

Fallungen = Hauptformlinien

Bild 9.6a (Seite 197) Ermittlung von Formlinien für die Fläche I in Bild 9.5. Alle vier Randkurven sind gegeben. Der verwendete Proportionalverteiler ist ein Stumpfverteiler.

Bild 9.6b (Seite 198) Ermittlung von Formlinien für die gleiche Fläche wie Bild 9.6a, wenn die Randkurve X1 fehlt. Der verwendete Proportionalverteiler ist ein Spitzverteiler.

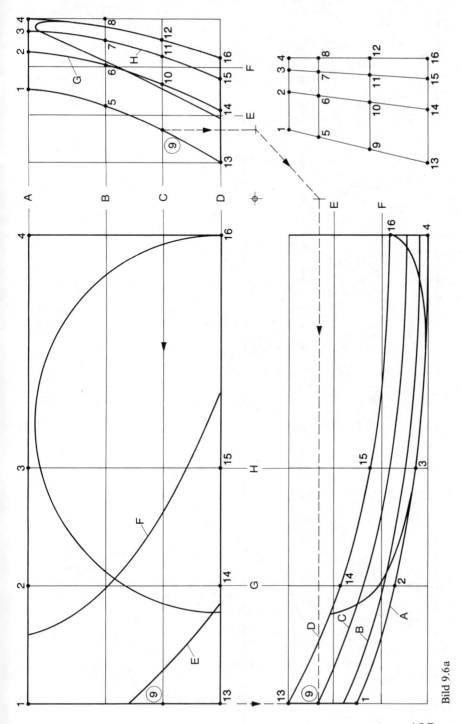

Bild 9.6a

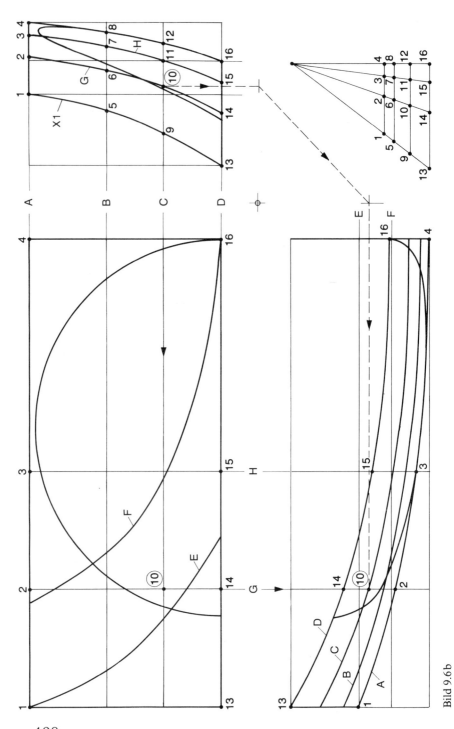

Bild 9.6b

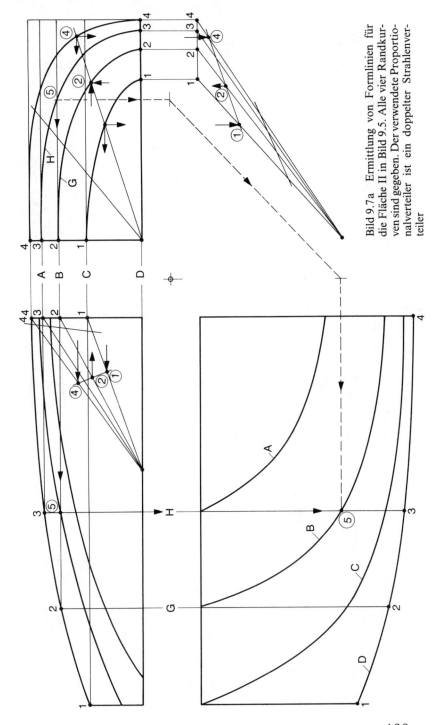

Bild 9.7a Ermittlung von Formlinien für die Fläche II in Bild 9.5. Alle vier Randkurven sind gegeben. Der verwendete Proportionalverteiler ist ein doppelter Strahlenverteiler

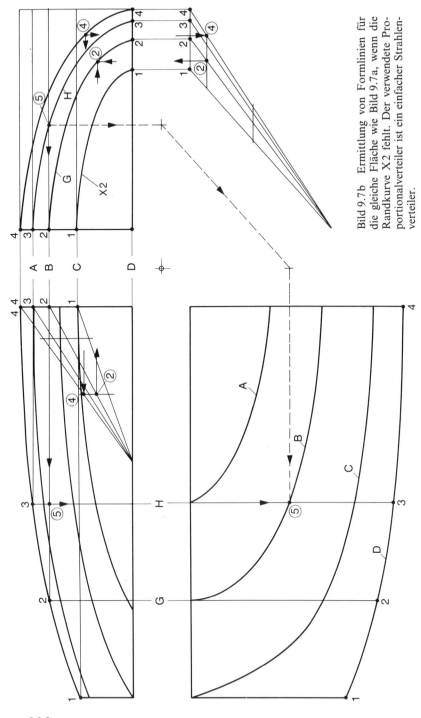

Bild 9.7b Ermittlung von Formlinien für die gleiche Fläche wie Bild 9.7a, wenn die Randkurve X2 fehlt. Der verwendete Proportionalverteiler ist ein einfacher Strahlenverteiler.

10 Strukturentwurf

Die Karosserieform ist durch den Außenhautplan gegeben (Bild 9.3). Dieser enthält nur die Karosserieoberfläche, wie sie im Design in Verbindung mit der Aerodynamik entwickelt wurde.

Die Außenhaut stellt noch keine tragende Struktur dar. Die Aufgabe des Konstrukteurs ist es, zunächst eine Trägerstruktur unter Berücksichtigung von Leichtbauprinzipien festzulegen (Bild 10.1).

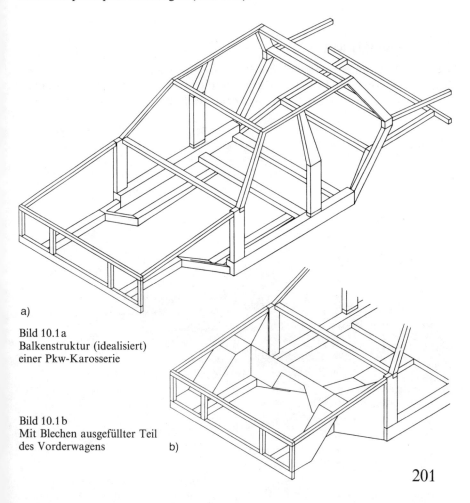

Bild 10.1a
Balkenstruktur (idealisiert) einer Pkw-Karosserie

Bild 10.1b
Mit Blechen ausgefüllter Teil des Vorderwagens

10.1 Vordimensionierung

Eine Pkw-Zelle ist, vereinfacht gesehen, ein Kasten, der aus Rahmen und Blechfeldern zusammengesetzt ist. Vorder- und Hinterwagen bestehen aus Biegeträgern und Blechfeldern. Über die Träger werden die Kräfte eingeleitet. Die Träger können offen oder geschlossen sein. Geschlossene Träger haben neben der Biegesteifigkeit auch eine große Torsionssteifigkeit.

Zur Erklärung der Funktion diene eine einfache Struktur nach Bild 10.2. Die Seitenteile liegen in einer Ebene. Die Blechfelder sollen eben sein. Die Krafteinleitungspunkte werden auf die Strukturknoten gelegt. Für die folgenden Untersuchungen sollen die Belastungen

☐ Biegung
☐ Torsion
☐ Crash

angenommen werden.

10.1.1 Biegebelastung

Hier sind die Kräfte symmetrisch zur Fahrzeugachse. Daher kann die Struktur eben betrachtet werden (Bild 10.2). Während für die Säulen die Trägheitsmomente zu addieren sind, müssen der Fahrzeugbodenbereich und der Dachbereich als ein

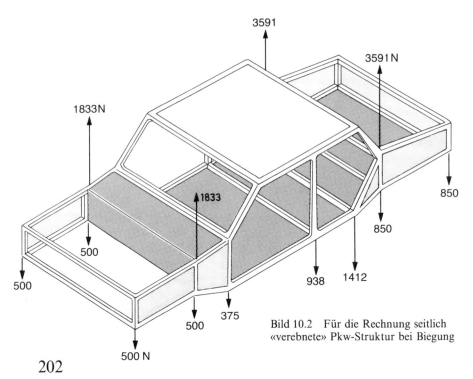

Bild 10.2 Für die Rechnung seitlich «verebnete» Pkw-Struktur bei Biegung

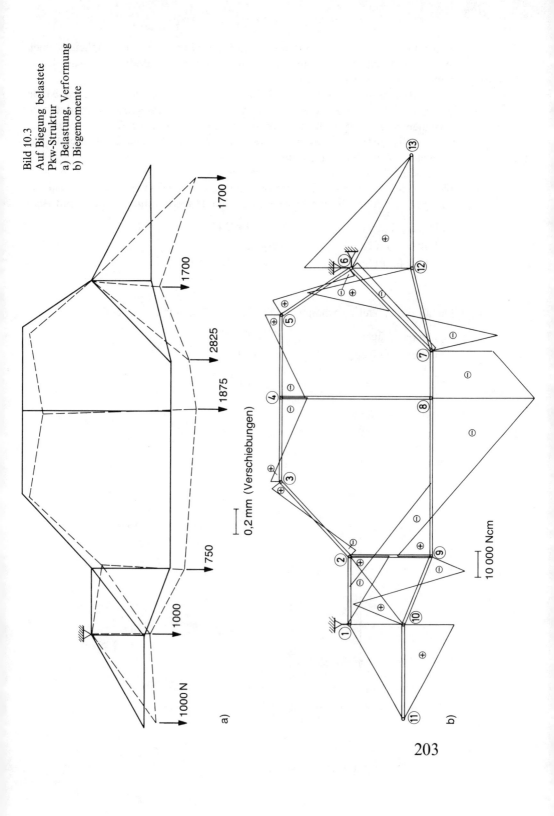

Bild 10.3
Auf Biegung belastete Pkw-Struktur
a) Belastung, Verformung
b) Biegemomente

Träger betrachtet werden. Es ist allerdings bei der Ermittlung der Trägheitsmomente zu berücksichtigen, daß nur bestimmte Bereiche des Bodens bzw. des Dachs mittragen (Mittragende Breite).

Bild 10.3 zeigt die verformte Rahmenstruktur. Ebenfalls angegeben ist der Biegemomentenverlauf. Werden die Verformungen zu groß, oder treten an einzelnen Stellen zu große Biegemomente auf, so muß die Rechnung mit veränderten Trägerquerschnitten neu durchgeführt werden. Auch können bestimmte geometrische Veränderungen untersucht werden.

Wie ein Schnitt in Höhe der B-Säule zeigt, wird das an dieser Stelle vorhandene Biegemoment zu einem Teil durch Normalkräfte in Ober- und Untergurt und zum anderen Teil durch die Biegemomente in den Trägern aufgenommen (Bild 10.4):

□ Oberer Träger $M = $ 13 024 Ncm
□ Unterer Träger $M = $ 51 508 Ncm
□ Ober- und Untergurt $M = $ 52 350 Ncm
                              ─────────
                              116 882 Ncm

Die an dieser Stelle vorhandene Querkraft teilt sich wie folgt auf:

□ Oberer Träger $Q = 298$ N
□ Unterer Träger $Q = 619$ N
                   ─────
                   917 N

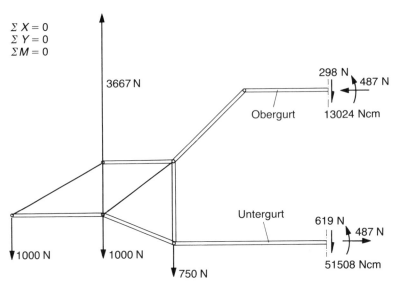

Bild 10.4 Vertikaler Schnitt durch die Pkw-Struktur in der Nähe der B-Säule

10.1.2 Torsionsbelastung

Die Fahrgastzelle wird als Schubfeldkasten aufgefaßt (Bild 10.5). Unter den hier vorhandenen Gegebenheiten (parallele Mantellinien) kann mit der Bredtschen Formel der Schubfluß in der Mantelfläche berechnet werden:

$$q_\mathrm{M} = \frac{M_\mathrm{t}}{2 \cdot A} = \frac{\Delta F \cdot l}{2 \cdot A} \tag{10.1}$$

Alle in der Mantelfläche liegenden Teilflächen werden mit dem Schubfluß q_M belastet. Zur Ermittlung der Seitenrahmenbelastung wird ein Schnitt durchgeführt (Bild 10.5). Der im Schnitt vorhandene Schubfluß und die beiden äußeren Kräfte ΔF ergeben die Belastung der Seitenwand. Die Momentenverläufe im Seitenwandrahmen zeigt Bild 10.6. Hier ist auch die Verformung der Seitenwand angegeben, die durch geeignete Veränderungen der Trägerquerschnitte verkleinert werden kann.

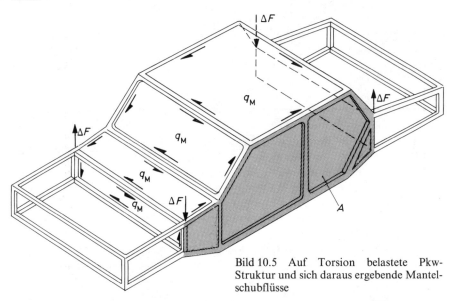

Bild 10.5 Auf Torsion belastete Pkw-Struktur und sich daraus ergebende Mantelschubflüsse

Der durch die Belastung auftretende Torsionswinkel zwischen der Vorder- und der Hinterachse ist weitestgehend abhängig von der Verformung der Seitenwand. Die übrigen Flächen sind Blechfelder bzw. an der Vorder- und Rückscheibe blechfeldähnliche Strukturen, die einen großen Verformungswiderstand haben. Das Mittragen von eingeklebten ebenen Scheiben kann mit einem Ersatzschubfeld der Blechstärke t_e und dem Gleitmodul G_e beschrieben werden. Es gilt dann

$$\frac{L \cdot t_\mathrm{e} \cdot G_\mathrm{e}}{A} = \frac{G_\mathrm{K} \cdot b_\mathrm{K}}{h_\mathrm{K}} \cdot k(H, B) \tag{10.2}$$

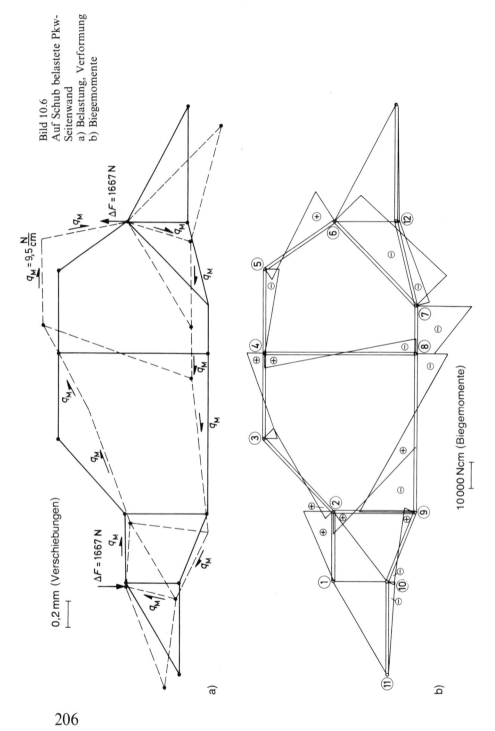

Bild 10.6
Auf Schub belastete Pkw-Seitenwand
a) Belastung, Verformung
b) Biegemomente

wobei b_K und h_K die Breite bzw. Höhe des Klebenahtquerschnitts und G_K der Gleitmodul des Klebers ist. A ist die Fläche der Scheibe und L deren Diagonale. Für den Faktor k kann in erster Näherung der Wert 0,5 angenommen werden.

Für eine genauere Beschreibung des Torsionswiderstandes müßten noch die Torsionswiderstände der einzelnen Träger berücksichtigt werden, die allerdings nur dann wirksam sind, wenn durch die Anbindung Torsionsmomente ein- und ausgeleitet werden können. Es müssen also rahmensförmige Gebilde vorliegen (Bild 10.7).

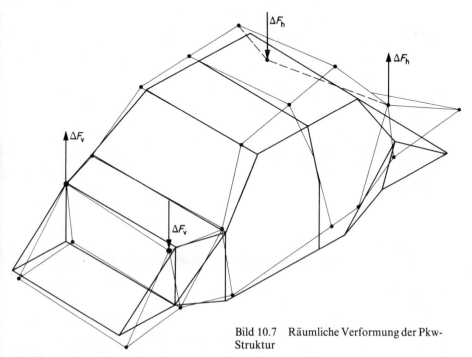

Bild 10.7 Räumliche Verformung der Pkw-Struktur

10.1.3   Belastungen beim Crash

Bei einem Fahrzeugaufprall soll die Fahrgastzelle geschützt sein. Das ist nur möglich, wenn die aufzunehmende Energie in Bereiche fällt, die von der Fahrgastzelle getrennt sind. Diese Möglichkeit wäre bei Front- und Heckaufprall gegeben. Als kritisch erweist sich aber der Seitenaufprall, der direkt von der Fahrgastzelle aufgenommen werden muß.

Frontaufprall

Die Energie wird von der Trägerstruktur aufgenommen. Dabei muß sich die Trägerstruktur verformen. Das kann auf zwei Arten geschehen: Erstens können die Träger gebogen ausgeführt sein; durch die Biegemomente tritt die Verformung ein.

Die Verformungsstellen werden durch die Wahl der Querschnitte (Trägheitsmomente) bestimmt. Zweitens können durch Sicken auch Verformungen in Längsrichtung, also unter Normalkräften, herbeigeführt werden (Bild 10.8).

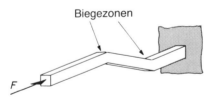

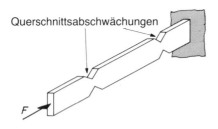

Bild 10.8 Längsträgergestaltung zur Erzielung örtlicher Falten

Heckaufprall
Hier können die gleichen Gesichtspunkte wie beim Frontaufprall angesetzt werden.

Seitenaufprall
Der Stoß kann praktisch auf der gesamten Seitenfläche erfolgen, also auch in der Höhe der B-Säule. Hier muß die Stoßkraft alleine von der B-Säule aufgenommen werden, was eine Abstützung der Säule erfordert. Für die Energieaufnahme kommen nur Verformungen der B-Säule selbst sowie des Schweller- (Boden-) Bereichs in Frage.

Liegt die Stoßstelle auf der vorderen Tür, so verteilen sich die Kräfte auf die A- und B-Säule. Durch eine geeignete Befestigung der Tür tritt ein Zugbandeffekt ein (Bild 10.9). Dieser Zugbandeffekt ist auch beim Stoß auf die B-Säule vorhanden. Hier wirkt dann die Kette Vordertür–Hintertür. Die Energieaufnahme erfolgt in der A- und B-Säule in Verbindung mit Verformungen des Schwellers und des Fahrzeugbodens.

Eine Verkrallung der Tür mit dem Schweller führt zu einer zusätzlichen Abstützung der Tür in diesem Bereich. Dadurch kann der Schweller besser zur Energieaufnahme herangezogen werden.

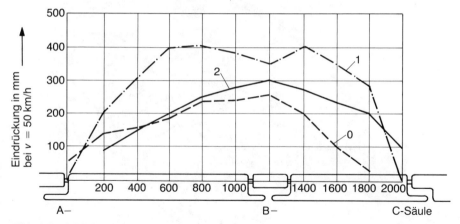

Bild 10.9 Seitlicher Schutz einer Pkw-Karosserie
0 Mitte Schweller
1 R-Punkt
2 Unterkante Seitenscheibe

10.2 Entwurf der Trägerstruktur

Eine Trägerstruktur zeigt Bild 10.10. Hier sind die wichtigsten tragenden Elemente wiedergegeben. Der Vorderwagen besteht aus einem Trägerverband. Bei der hier vorgesehenen Federbeinaufhängung werden die vertikalen Fahrwerkskräfte in Dome eingeleitet. Zur Übertragung dieser Kräfte auf die Fahrgastzelle sind zusätzlich zwei kurze Längsträger in der oberen Ebene angebracht. Die Trägerstruktur des Vorderwagens sollte möglichst ohne große Kraftflußkonzentration mit der Fahrgastzelle verbunden sein. Dazu müssen die Längsträger großflächig in die Stirnwand übergehen. Das wird einmal über Anschlüsse erreicht, die im Bodenbereich zwischen Boden und Schweller verlaufen, und zum anderen über die Radkastenanschlüsse. Zusätzlich sind noch, wie in Bild 10.10 angegeben, von den Längsträgern ausgehende kurze Träger zum Tunnel und zur A-Säule angebracht (Gabelrahmenprinzip).

Die Bodengruppe besteht aus dem Bodenblech und der Stirnwand in Verbindung mit einer Trägerstruktur (Bild 10.11). Die wesentlichsten Elemente dieser Trägerstruktur sind die Schweller und die dazwischenliegenden Querträger. Die Querträger dienen vor allen Dingen der Aufnahme von Seitenkräften, z. B. beim Crash. Der für den Antriebsstrang vorgesehene Tunnel erhöht die Biegesteifigkeit in diesem Bereich.

Der hintere Teil der Bodengruppe hat neben der Gepäcklast die Fahrwerkskräfte aufzunehmen. Diese Kräfte müssen an den Trägern eingeleitet werden, die unterhalb des Bodenblechs angebracht sind. Die Aufnahme der Stoßdämpferkräfte erfolgt in den Radkästen über entsprechende «Dome».

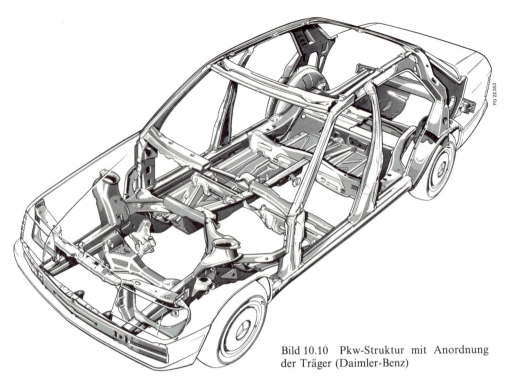

Bild 10.10 Pkw-Struktur mit Anordnung der Träger (Daimler-Benz)

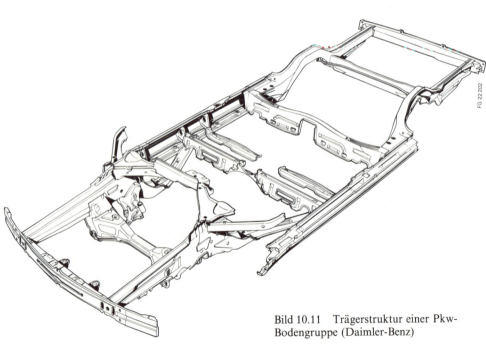

Bild 10.11 Trägerstruktur einer Pkw-Bodengruppe (Daimler-Benz)

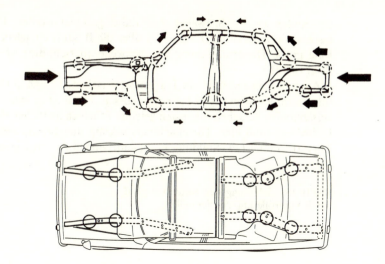

Bild 10.12
Verformungsstellen
beim Crash
(Toyota)

Die Aufbaurahmenstruktur besteht aus den Seitenwandrahmen, den Fenster- und dem Dachrahmen. Auf den Dachrahmen aufgesetzt wird das Dachblech. Beim Stufenheckfahrzeug ist in der Regel der Fahrgastraum durch eine Rückwand vom Kofferraum getrennt. Diese Rückwand stellt in Verbindung mit dem Heckfenster eine sehr schubsteife Konstruktion dar (Bild 10.10). Für die Auslegung der Fahrzeugstruktur nach Crash-Gesichtspunkten beachte man, daß für die Knautschzonen im Front- und Heckbereich 50 bis 80 cm zur Verfügung stehen, während im Seitenbereich höchstens 20 bis 30 cm veranschlagt werden können.

Bild 10.12 veranschaulicht den Kraftfluß bei Front- und Heckaufprall. Durch Sollkerben treten die Verformungen in bestimmten Bereichen auf. Bei leichten Zusammenstößen dürfen nach Möglichkeit nur die ersten Schwachstellen versagen. Damit wird eine größere Beschädigung der restlichen Struktur vermieden.

Für die Verbindungen Vorderwagenträger–Fahrgastzelle sowie Hinterwagenträger–Fahrgastzelle gilt ebenfalls die Regel, daß eine Kraftflußaufteilung auf mehrere Zweige günstig ist. Das Gabelrahmenkonzept nach Bild 10.10 erfüllt diese Bedingung.

Die Energieaufnahme der Vorderwagenstruktur verteilt sich ungefähr zu 70% auf die Längsträger, 25% auf die Radkästen und 5% auf die Kotflügel. Von der gesamten aufzunehmenden kinetischen Energie nimmt die Vorderwagenstruktur 80%, das Antriebsaggregat 10% und die Spritzwand 10% auf.

Zur Aufnahme von seitlichen Stößen erhält die Trägerstruktur im Bodenbereich eine Querträgeranordnung (Bild 10.11). Diese Querträgeranordnung behindert vor allen Dingen Faltenbildung am Fahrzeugboden. Die über die Scharniere und Schlösser eingeleiteten Seitenkräfte werden an den Säulen abgestützt. Dazu müssen die Säulen im unteren Bereich groß dimensioniert sein. Auf eine gute Anbindung der Säulen an den Schweller muß dabei geachtet werden. Der Schweller wird insbesondere durch die Kräfte, die über die B-Säule eingeleitet werden, belastet. Eine große Dimensionierung des Schwellerquerschnittes ist somit anzustreben (Bild 10.13).

Auch die Tür selbst ist mit Trägern zu versehen, die sich in Höhe der Stoßstellen (oberhalb des Schwellers) befinden müssen. Dazu ist es evtl. notwendig, die voll versenkbaren Scheiben zugunsten geteilter Scheiben fortfallen zu lassen (Bild 10.14). Unbedingt muß eine Türschachtverstärkung angebracht werden, um bei einer Türverformung Eckenbildung in diesem Bereich zu vermeiden.

Bild 10.13 Erhöhung der Seitensteifigkeit durch Vergrößerung des Schwellers

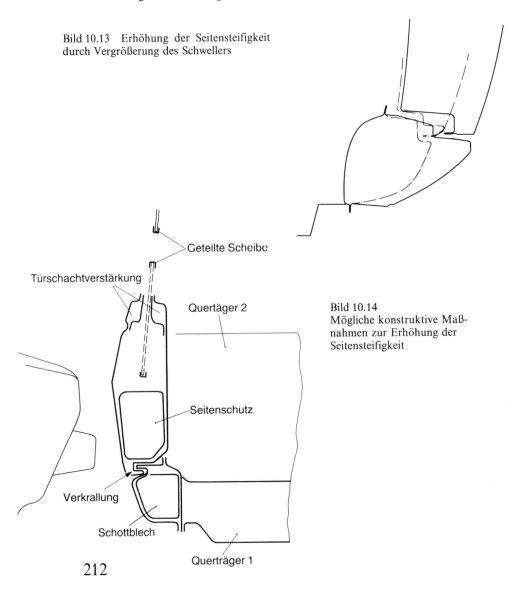

Bild 10.14
Mögliche konstruktive Maßnahmen zur Erhöhung der Seitensteifigkeit

11 Konstruktion der Karosserie unter Berücksichtigung der Fertigung

11.1 Gestaltung der Einzelbereiche

Ausgangsmaterial der Konstruktion sind Bleche, die zu Trägern und Blechfeldern umgeformt werden. Die Verbindung der Bleche erfolgt durch Punktschweißen. Die für die Tragfähigkeit maßgebenden Träger werden als Hohlprofile ausgebildet. Versteifungen werden erzielt durch Sicken, Versteifungsbleche oder räumlich gekrümmte Flächen. Blechfeldversteifungen sind einerseits erforderlich aus Gründen der Stabilität und der Akustik, andererseits sind sie auch fertigungstechnisch bedingt (Formbeständigkeit der Einzelteile vor dem Schweißen).

Als Grundlage der Konstruktion dient der Strukturentwurf, in dem die Träger und Bleche festgelegt wurden. Für die praktische Ausführung muß der Zusammenbau der einzelnen Elemente berücksichtigt werden. Der Konstrukteur hat zunächst eine Aufteilung der Karosseriestruktur in Baugruppen vorzunehmen.

Die Bodengruppe ist für die Fertigung die zentrale Einheit. An diese Bodengruppe werden die Seitenwände angeschlossen, die im oberen Bereich durch Querträger und dem Dachblech verbunden sind.

Im Idealfall kann man sich das Bodenblech zusammen mit der Stirn- und Heckwand als ein Blech vorstellen. Die Verstärkung erfolgt durch aufgesetzte hutähnliche Profile, die mit dem Bodenblech eine Trägerstruktur bilden. Der vordere Längsträgerverband mit den Rad- bzw. Federbeinkästen wird an die Stirnwand angeschlossen (Bild 11.2). Die Seitenwand kann aus einem Innen- und einem Außenblech zusammengestellt werden. Innen- und Außenblech ergeben den Seitenwandrahmen.

Ein Beispiel zu dem oben ausgeführten Prinzip gibt Bild 11.1. Die Bodengruppe besteht aus drei Elementen:

☐ Vorderwagen mit Stirnwand und Längsträgern
☐ Mittlere Bodengruppe mit Tunnel und mittlerem Querträger
☐ Hinterwagen mit Längs- und Querträgern

Diese Elemente werden zunächst zusammengeschweißt. Danach erfolgt der Zusammenbau:

☐ Seitenwände
☐ Dach
☐ Heckblech

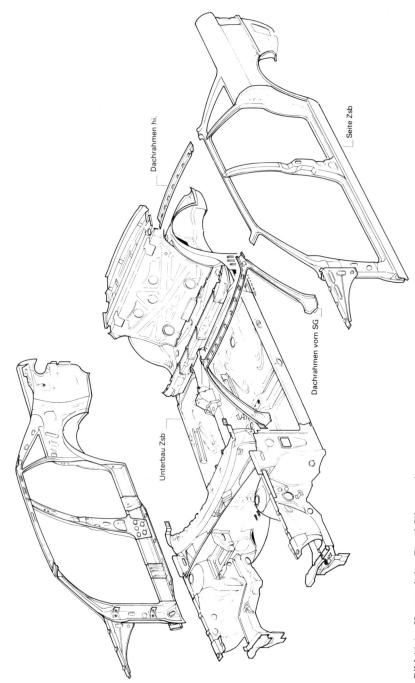

Bild 11.1 Konstruktive Durchführung der Aufteilung einer Pkw-Karosserie in Baugruppen (Audi)

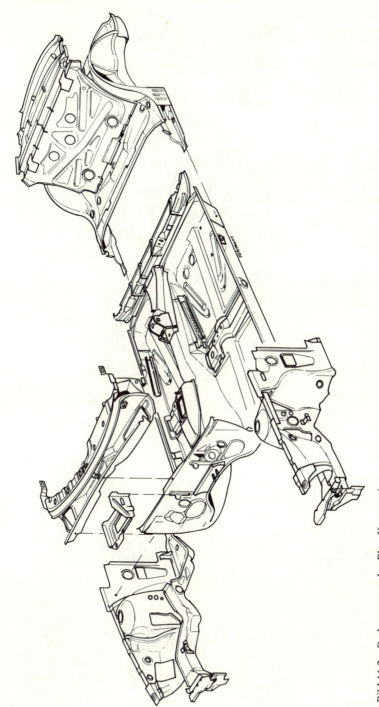

Bild 11.2 Bodengruppe der Pkw-Karosserie nach Bild 11.1

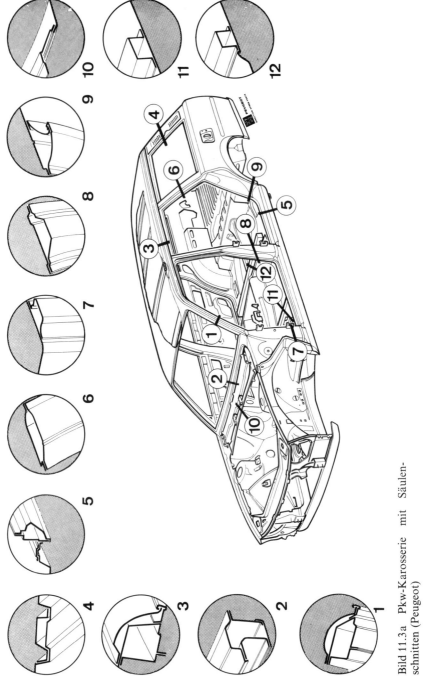

Bild 11.3a Pkw-Karosserie mit Säulenschnitten (Peugeot)

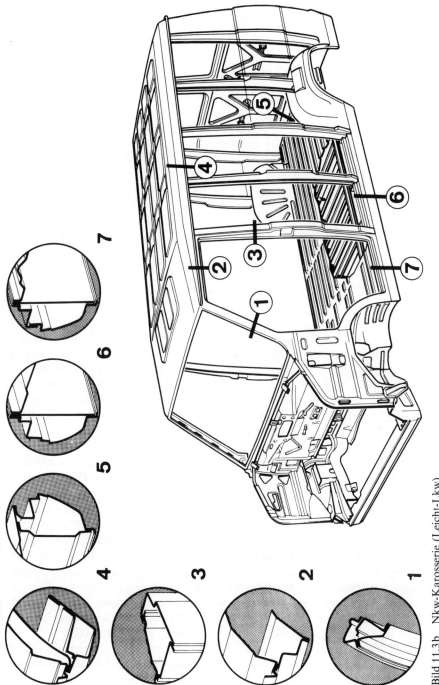

Bild 11.3b Nkw-Karosserie (Leicht-Lkw) mit Säulenschnitten (Peugeot)

Bild 11.4 Knotengestaltung

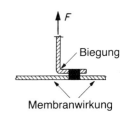

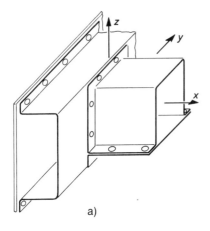

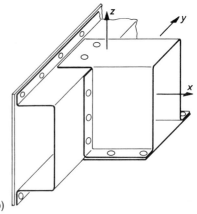

a) b)

Die Bilder 11.3a, b zeigen verschiedene Karosserien mit typischen Schnitten. Die Karosserie in Bild 11.3b ist zwar eine Lkw-Karosserie, vom Aufbau her aber nach den gleichen Prinzipien wie eine Pkw-Karosserie gefertigt. Einzelheit 6 in Bild 11.3a zeigt einen Schnitt durch die C-Säule. Die Trägerform entsteht hier durch das Außenhautblech in Verbindung mit dem Innenblech. In Bereichen, die mit Blechfeldern versehen sind, können Träger durch das Aufsetzen von hutförmigen Blechprofilen gebildet werden. Einzelheit 11 in Bild 11.3a zeigt einen Schnitt durch den so gebildeten Bodenquerträger unterhalb der Vordersitze. Zur Erhöhung der Steifigkeit werden die Hohlquerschnitte mehrzellig, d.h. mit dem Zwischenblechen versehen. Die Aufteilung der einzelnen Blechteile erfolgt nach Fertigungsprinzipien.

Eine besondere Aufgabe ist das Gestalten der Trägerknoten. Stumpfe Anbindungen (Bild 11.4a) müssen vermieden werden, da hierbei nicht alle Kräfte und Momente übertragen werden können. So ist z.B. das Übertragen von Kräften in x-Richtung sowie das Übertragen von Momenten um die z- bzw. y-Achse nicht gut möglich, da hier die Schweißpunkte auf Zug beansprucht sind und durch die umgebogenen Punktschweißflansche große Elastizitäten auftreten. Die Anbindung ist somit nicht mehr starr. Besser sind Überlappungen nach Bild 11.4b.

Die Schubkräfte der Blechfelder werden auf die Randprofile übertragen. Auch hier ist der Übertragungsmechanismus wie oben zu beachten (Bild 11.5). Ein Beispiel für eine Knotengestaltung zeigt Bild 11.6. Das äußere Seitenteil wird mit der äußeren Schale des Dachquerträgers verbunden. Danach erfolgt die Anbindung des Innenblechs, das überlappt in den Dachquerträger übergeht.

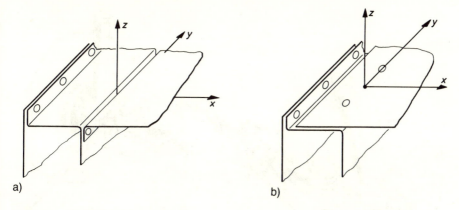

Bild 11.5 Träger-Blech-Verbindung

Bild 11.6 Blechaufteilung bei der Gestaltung einer Ecke

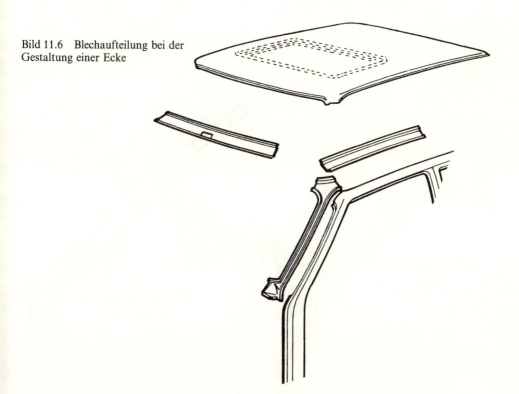

Die Befestigungspunkte der Fahrwerke sind Krafteinleitungsstellen (Bild 11.7). Zur Vermeidung von Kraftflußkonzentrationen müssen diese besonders sorgfältig gestaltet sein. Durch das Anbringen von Hilfsrahmen können die Kräfte besser verteilt werden (Bild 11.8).

219

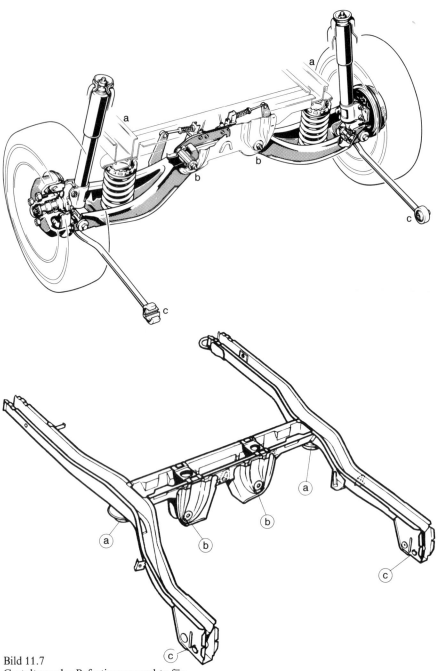

Bild 11.7
Gestaltung der Befestigungspunkte für
Lenker und Schraubenfedern (Ford)

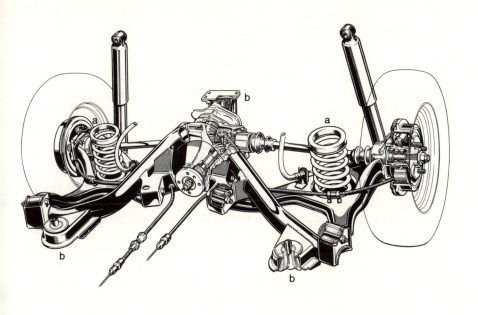
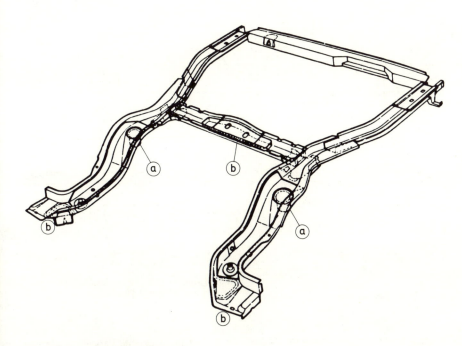

Bild 11.8 Gestaltung der Befestigungspunkte für einen Hilfsrahmen (Ford)

11.2 Besonderheiten

Besondere Sorgfalt muß dem Sickenbild gewidmet werden (Bild 11.9). Die Lage und Form der Sicken sollen keine durch Freiräume gehende Gerade zulassen, da hier das Biegeträgheitsmoment nur durch die Blechstärke gegeben und damit eine Versteifung nicht möglich ist. Zur Vermeidung eines hohen örtlichen Umformgrades soll auch der Sickenauslauf beachtet werden (Bild 11.10).

Dürfen an der Außenhaut keine Sicken erscheinen, so sollten die Blechfelder gewölbt sein. Eine weitere Möglichkeit zur Versteifung dieser Blechfelder besteht im Anbringen von geklebten Versteifungsleisten (Bild 11.11).

Eine interessante Versteifungsvariante bilden mit Kragen umrandete Löcher, die sowohl aus Gründen der Zugänglichkeit als auch aus Leichtbaugründen vorgesehen werden (Bild 11.12). Die Löcher werden zunächst geprägt und danach ausgestanzt.

Bei der Formgebung muß die Verformbarkeit der Bleche berücksichtigt werden. Neben einfacher Umbiegung werden hauptsächlich Tiefziehverfahren angewandt (Bild 11.13). Dabei kann bei großen Umformgraden Faltenbildung auftreten.

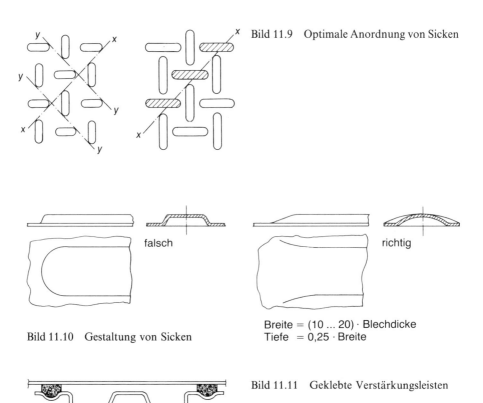

Bild 11.9   Optimale Anordnung von Sicken

Bild 11.10   Gestaltung von Sicken

Breite = (10 ... 20) · Blechdicke
Tiefe = 0,25 · Breite

Bild 11.11   Geklebte Verstärkungsleisten

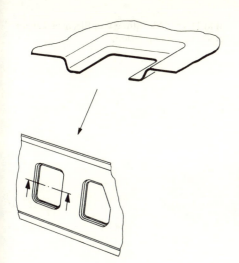

Bild 11.12 Bördellöcher

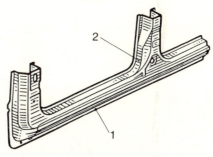

1 = Umbiegen (2-dimensional)
2 = Tiefziehen (3-dimensional)

Bild 11.13 Tiefgezogenes Blechelement (Außenblech einer Pkw-Seitenwand)

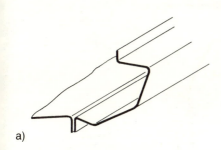

a)

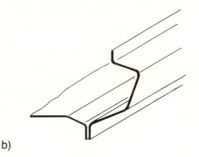

b)

Bild 11.14 Blechteil mit a) und ohne b) Hinterschneidung

Hinterschneidungen müssen aus ziehtechnischen Gründen vermieden werden (Bild 11.14). Form a) mit Hinterschneidung kann nicht durch einfaches Tiefziehen erreicht werden. Eine mögliche Abänderung wäre Form b) ohne Hinterschneidung.

Bei einer Konstruktion mit verschiedenen Blechstärken beachte man die wegen der unterschiedlichen Steifigkeit entstehenden Spannungskonzentrationen. So ist beim Übergang von einer kleinen zu einer großen Blechstärke eine Abstufung vorzunehmen (Bild 11.15).

Sehr problematisch ist z.B. auch das Schweißen von Türscharnieren an den Säulen. Hier kommen Blechstäreken von ca. 1,6 mm mit ca. 8 mm zusammen. Die große Steifigkeit der Scharniere führt zu Spannungskonzentrationen im Blech (Bild 11.16). Daher müssen diese Bereiche Blechverstärkungen erhalten.

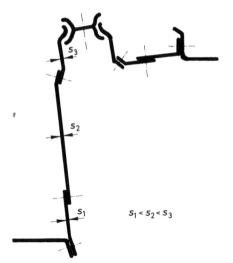

Bild 11.15 Abstufung von Blechstärken an einen Stoßdämpferdom

$s_1 < s_2 < s_3$

Bild 11.16 Ungünstige Blechstärkenkombination von 1 zu 2

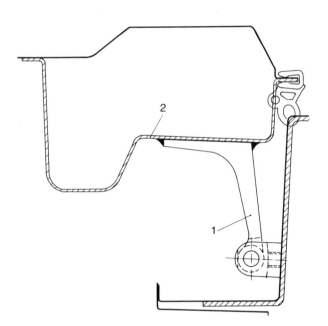

11.3 Zusammenbau der Rohkarosserien

Die Rohkarosserie wird in Baugruppen unterteilt, die dann in einer Endmontage zusammengesetzt werden (Bild 11.17). Bild 11.17a zeigt die komplette Seitenwandgruppe eines Pkw, sie besteht aus den Elementen

- Außenblech Seitenwand (42)
- Windlaufseitenteil (26) mit Verstärkung (27)
- Innenblech A-Säule (24)
- Innenblech B-Säule mit Verstärkung (44), (43)
- Innenblech C-Säule mit Radhaus (39)
- Innenblech Dachrahmen (41)

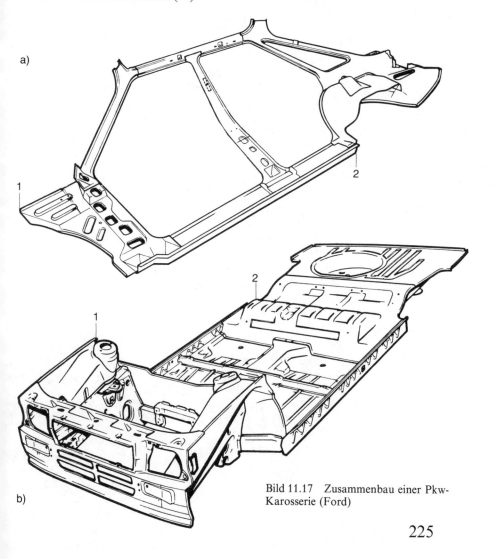

Bild 11.17 Zusammenbau einer Pkw-Karosserie (Ford)

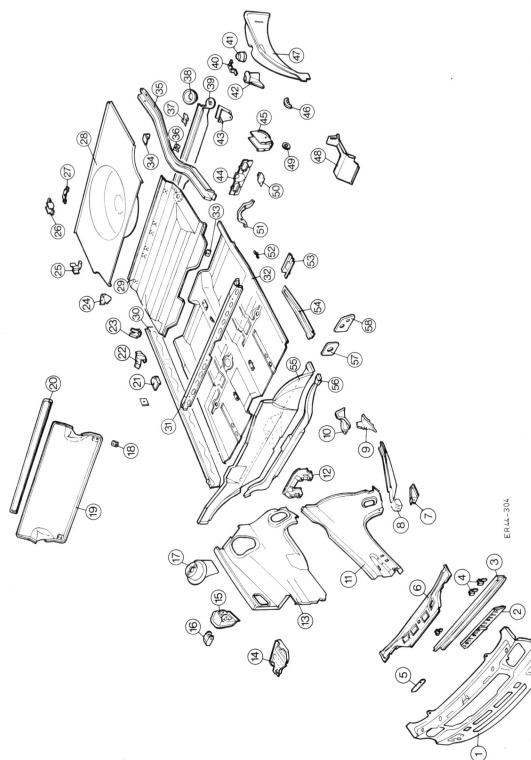

Bodengruppe
1 Kühlergitterblech
2 Verstärkung Querträger, vorn unten
3 Querträger, vorn unten
4 Halter, Befestigung Kühler
5 Befestigungsplatte Stoßdämpfer
6 Querträger, vorn unten
7 Verstärkung Lagerbock Querträger außen
8 Lagerbock Querträger
9 Verstärkung Motoraufhängung, links hinten
10 Verstärkung Motoraufhängung, links hinten
11 Längsträger, vorn innen
12 Halter Lenkgetriebe
13 Stehblech Vorderkotflügel
14 Batteriekonsole
15 Halter Motoraufhängung, hinten
16 Verstärkung Motoraufhängung, hinten
17 Verstärkung vordere Federbeinaufhängung
18 Verstärkung Bodenblech, hintere Sitzlehne, unten
19 Bodenblech, hintere Sitzlehne
20 Verstärkung Bodenblech, hintere Sitzlehne
21 Platte Vordersitzbefestigung
22 Aufhängung Schalldämpfer
23 Halter Tankbefestigung, seitlich oben
24 Halter Tankbefestigung, hinten
25 Halter Auspuffaufhängung, hinten
26 Halter Abschlepphaken, hinten
27 Halter, Befestigung Reserverad
28 Bodenblech, hinten
29 Bodenblech, Mitte
30 Boden Seitenschiene
31 Querträger Vordersitz
32 Bodenblech, vorn
33 Verstärkung Bodenblech mit Scharnier, Rücksitz
34 Halter Bremsleitung, hinten
35 Längsträger, hinten
36 Verstärkung, Querträger Bodenblech, Tankbefestigung hinten
37 Verstärkung, Querträger Bodenblech, hinten
38 Verstärkungsfeder, hinten
39 Querträger Bodenblech, hinten
40 Halter Rücksitzlehne, seitlich hinten
41 Kappe, Aufnahme Stoßdämpfer
42 Aufnahme Stoßdämpfer
43 Aufnahmebock Querlenker
44 Halter Tankbefestigung, vorn
45 Aufnahmebock Längslenker
46 Verstärkung, Befestigung Rücksitzlehne
47 Innenblech Radhaus
48 Stütze Rücksitzbank
49 Verstärkungsplatte Hinterfederbock
50 Halter Tankbefestigung, Mitte vorn
51 Halter Handbremsseilführung
52 Aufhängung Schalldämpfer
53 Aufnahme Wagenheber
54 Längsträger, Mitte
55 Stirnwand
56 Querträger Stirnwand
57 Verstärkung Hauptbremszylinder
58 Verstärkung Hauptbremszylinder, Rechtslenker

Bild 11.18a Einzelbleche der Bodengruppe Ford Escort

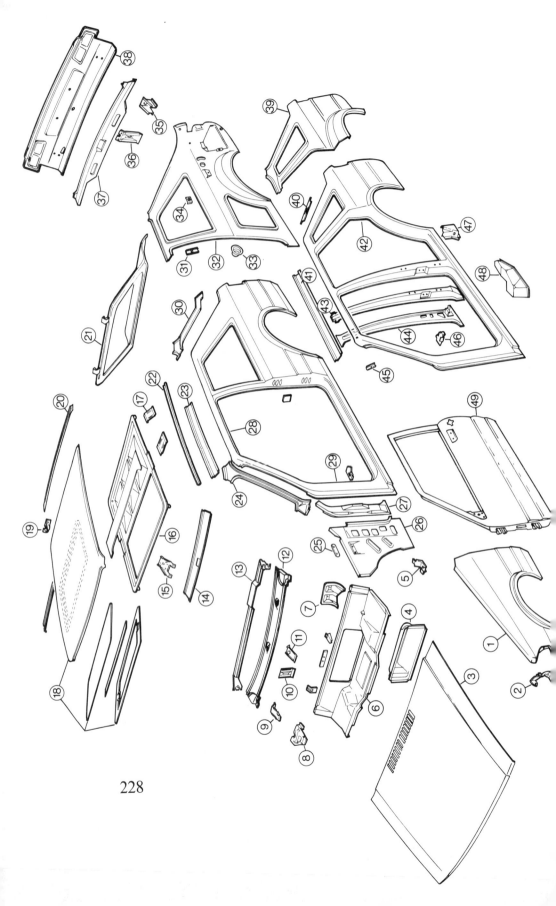

1 Vorderkotflügel
2 Schließblech Vorderkotflügel, vorn
3 Motorhaube
4 Schließblech Unterteil, Luftkammer
5 Halter, Pedalbockbefestigung Windlauf
6 Windlauf Unterteil
7 Haltebock, Stütze Lenksäule
8 Halteblech Wischermotor
9 Verstärkung Windlauf Oberteil, Tandemlager außen
10 Innenblech, Windlauf Oberteil
11 Verstärkung Instrumententafel, unten
12 Außenblech, Windlauf Oberteil
13 Verstärkung Instrumententafel, unten «L»
14 Kopfschiene
15 Aufnahmeblech, Kurbelmechanik Schiebedach
16 Rahmen Sonnendach
17 Halter Sonnendach hinten, seitlich
18 Sonnendach
19 Verstärkungsblech Scharnier
20 Rahmen Rückwandfenster, oben
21 Rückwand
22 Regenrinne
23 Verstärkung Dachrahmen
24 Innenblech, A-Säule
25 Verstärkung Motorhaubenscharnier an Karosserie
26 Windlauf Seitenteil
27 Verstärkung Türscharnier, A-Säule
28 Außenblech Seitenwand
29 Verstärkung Türfeststeller an A-Säule
30 Wasserleitblech Kofferraum
31 Verstärkung Sicherheitsgurtbefestigung B-Säule
32 Innenblech Seitenwand
33 Gehäuse Tankstutzen
34 Verstärkung Sicherheitsgurtbefestigung C-Säule
35 Befestigungsplatte Stoßfänger, hinten
36 Halter, Schloß Rückwandklappe
37 Verstärkung Rückwandblech
38 Rückwandblech
39 Innenblech, C-Säule
40 Verstärkungszusatz D-Säule
41 Verstärkung Dachrahmen
42 Außenblech Seitenwand
43 Verstärkung, B-Säule
44 Innenblech, B-Säule
45 Verstärkung Sicherheitsgurtbefestigung, B-Säule
46 Verstärkung Türfeststeller
47 Verlängerung Radhaus, außen
48 Stütze Rücksitzkissen
49 Seitentür

Bild 11.18b Einzelbleche des Aufbaus Ford Escort

Die Elemente der Seitenwand werden in einer Schweißvorrichtung positioniert und geheftet. Im Anschluß daran erfolgt das Fertigschweißen mit Punktschweißzangen.
Die Bodengruppe besteht aus den Untergruppen (Bild 11.17b)

☐ Vorderwagen
☐ Bodenbleche (vorne) (32)
☐ Bodenblech (Mitte) (29)
☐ Bodenblech (hinten) (28)

Eine sehr komplizierte Baugruppe ist der Vorderwagen, in dem sowohl der Antrieb als auch das vordere Fahrwerk untergebracht werden müssen und somit kleine Toleranzen vorgeschrieben sind. Der Vorderwagen besteht im wesentlichen aus den Elementen

☐ Stirnwand (55)
☐ Stehblech-Vorderkotflügel (13) mit Federbeindom (17)
☐ Längsträger, vorne innen (11)

Die Bodengruppenstruktur ergibt sich aus dem Zusammenbau obiger Elemente mit den folgenden Trägerelementen

☐ Querträger-Stirnwand (56)
☐ Querträger-Vordersitz (31)
☐ Längsträger, hinten (35)
☐ Querträger, hinten (39)

Die Seitenschiene (30) wird später mit dem Außenblech Seitenwand verbunden.
Bild 11.18 zeigt die Einzelbleche, aus denen die Karosserie zusammengesetzt ist. In Bild 11.18a sind die Einzelbleche der Bodengruppe aufgeführt. Bild 11.18b enthält die Einzelbleche des Aufbaus. Die Seitenwände des Aufbaus sind sowohl bei der 3türigen als auch bei der 5türigen Ausführung in den Randabmessungen gleich. Lediglich die Innenmaße sind den entsprechenden Ausführungen angeglichen.

12 Konstruktionsprinzipien

Personenwagenkarosserien können in zwei Kategorien unterteilt werden:
- Rahmenträger und aufgesetzte Karosserie,
- selbsttragende Karosserie, bei der der Rahmenträger in die Karosserie integriert ist.

12.1 Karosserie mit Rahmenträger (Bild 12.1)

Am Rahmenträger befinden sich die Aufnahmepunkte des Motors, der Radaufhängung und des unteren Lenkungsbereichs sowie weiterer Aggregate. Die Karosserie wird über Silentblöcke mit dem Rahmen verschraubt. Dadurch wird eine gute Schwingungsisolation erreicht.

Der Rahmenträger besteht aus geschlossenen Kastenprofilen ($t = 2$ bis $3\,mm$) und besitzt damit neben der Biegesteifigkeit auch eine große Torsionssteifigkeit. Bei Frontal- und Heckstößen wird die Energie vor allen Dingen im Rahmenträger aufgenommen. Durch eine gezielte Querschnittsabstufung kann die Stoßenergie auf bestimmte Bereiche übertragen werden.

Bei Seitenstößen kann nur ein Teil der Energie durch den Rahmenträger aufgenommen werden. (Lage des Stoßpunkts oberhalb des Schwellers.) Die Hauptkarosserie ist in der Struktur der einer selbsttragenden Karosserie ähnlich. Sie ist so mit dem Rahmenträger verbunden, daß der äußere Türschweller neben dem mittleren Rahmenträger zu liegen kommt. In der Hauptkarosserie kann auch der Kraftstofftank eingebaut werden. Beim Seitenaufprall übernehmen die äußeren Türschweller ebenfalls einen Teil der Stoßenergie.

Die vordere Karosserie besteht nur noch aus wenigen Teilen, da hier die Hauptaufgabe vom Rahmenträger übernommen wird.

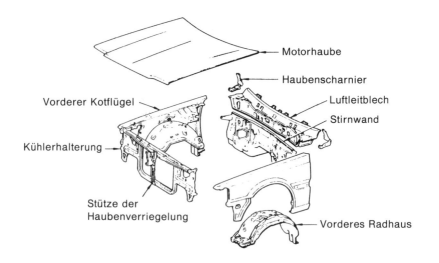
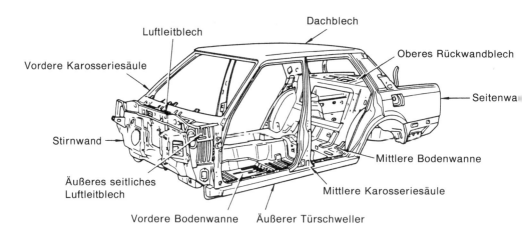
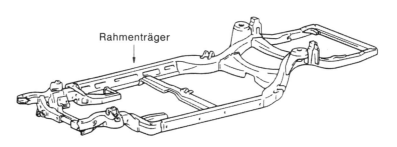

Bild 12.1 Nicht selbsttragende Karosserie (Toyota)

12.2 Selbsttragende Karosserie (Bild 12.2)

Bei der selbsttragenden Karosserie werden alle Funktionen in die Karosserie integriert. Das sind insbesondere die Aufnahmepunkte für den Motor und das Fahrgestell. Oft werden aber auch Motor und Fahrgestell über Hilfsrahmen bzw. Hilfsträger mit der Karosserie verbunden.

Die zentrale Einheit ist die Fahrgastzelle. Mit dem Vorder- und Hinterwagen muß die Zelle zu einem Ganzen verbunden werden. Die Struktur der Fahrgastzelle soll einen Kasten ergeben (siehe auch Bild 10.10).

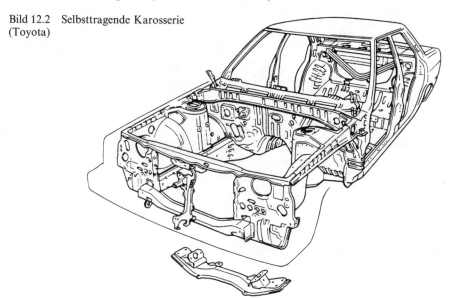

Bild 12.2 Selbsttragende Karosserie (Toyota)

Im vorderen Wagen sind der Motor, das vordere Fahrwerk und die Lenkungsbauteile untergebracht. Auftretende Schwingungen (Fahrwerk, Motor) werden direkt auf die Karosserie übertragen. Daher müssen diese Bauteile über Silentblöcke und gegebenenfalls Hilfsrahmen zur Schwingungsverminderung mit der Karosserie verbunden werden. Die Fahrbahnkräfte werden insbesondere auf die vorderen Seitenträger übertragen und müssen von diesen über die Stirnwand zur Karosserie weitergeleitet werden. Frontalstöße werden hauptsächlich von den Seitenträgern aufgenommen und ebenfalls auf die Karosserie übertragen.

Die mittlere Bodengruppe besteht aus der Bodenwanne mit einem Längs- und Querträgerverbund. In der Mitte der Bodenwanne befindet sich der Tunnel zur Durchführung des Antriebsstrangs und der Auspuffanlage. Die hintere Bodengruppe besteht aus dem Bodenblech und einem Trägerverbund zur Aufnahme des hinteren Fahrwerks. Auch hier sind, ähnlich wie beim Vorderwagen, die Träger als Knautschzone ausgebildet.

Die obere Karosserie wird gebildet aus den beiden Seitenwandrahmen, die über Querträger verbunden sind. Die Heckform kann verschieden sein. Stufenheckfahrzeuge (Bild 12.3) besitzen in der Fahrgastzellenrückwand meistens ein Blech oder einen verstärkten Rahmen, um die Schubkräfte bei Torsion aufnehmen zu können. Bei Schrägheck- und Stumpfheckfahrzeugen übernehmen die Heckrahmen diese Schubkräfte (Bilder 12.4 und 12.5).

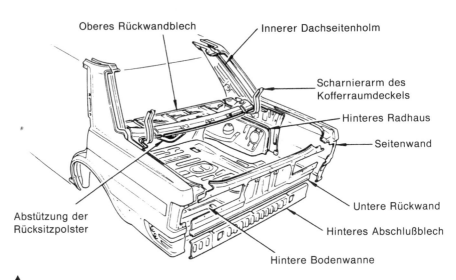

Bild 12.3 Stufenheck einer selbsttragenden Karosserie (Toyota)

Bild 12.4 Stumpfheck einer selbsttragenden Karosserie (Toyota)

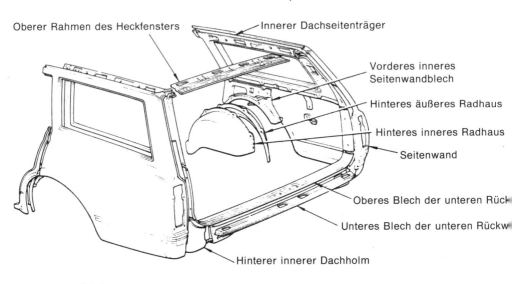

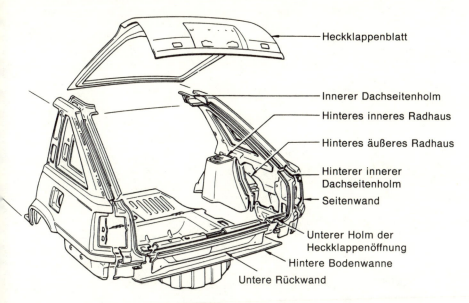

Bild 12.5 Fließheck bei einer selbsttragenden Karosserie (Toyota)

12.3 Fahrschemel-Bauweise (Bild 12.6)

Diese Bauweise ist eine Zwischenlösung der in den Abschnitten 12.1 und 12.2 beschriebenen Konstruktionsprinzipien. Die Fahrschemel nehmen sowohl das Fahrwerk als auch den Antrieb auf. Sie werden mit diesen Aggregaten vormontiert und an die selbsttragende Karosserie über Silentblöcke geschraubt. Der Vorteil gegenüber der anderen Methode besteht einmal in der guten Schwingungsdämpfung und zum anderen in der Modulbauweise.

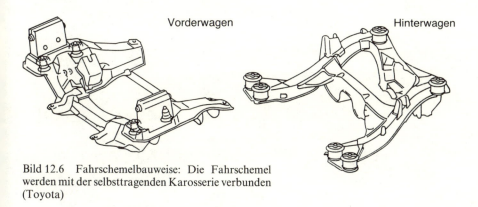

Bild 12.6 Fahrschemelbauweise: Die Fahrschemel werden mit der selbsttragenden Karosserie verbunden (Toyota)

13 Zukünftige Konzepte

Zukünftige Fahrzeugkonzepte werden weitestgehend bestimmt von den Werkstoffen und der Fertigung. Dabei ist vor allen Dingen bei der Karosserie mit einschneidenden Änderungen zu rechnen. An Werkstoffen stehen zur Diskussion:

☐ Stahl
☐ Aluminium
☐ GFK (Glasfaserkunststoff)

Die Steifigkeit und Energieaufnahmefähigkeit bestimmende Balkenstruktur wird wohl zunächst noch aus Stahl gefertigt werden müssen (E sowie R_e und A_5). Festigkeitsbestimmende Elemente können aus Aluminium oder GFK hergestellt werden (Reißlänge). Insbesondere sind Außenhautelemente aus GFK herstellbar.

Eine in diese Richtung weisende Konstruktion zeigt Bild 13.1. Die Karosseriestruktur ist hier aus Stahlblech gefügt und danach feuerverzinkt worden. Die Außenhautelemente bestehen zum größten Teil aus glasfaserverstärkten Kunststoffen ($1/3$ Glasfaser, $1/3$ mineralische Füllstoffe, $1/3$ Polyesterharz). Die Motorhaube und das Dach bestehen aus einem Sandwichgerüst mit Polyurethanschaumkern und zwischen zwei Polyesterschichten eingelassenen Metallverstärkungen.

Wie sich dieses Konzept für die Großserie eignet, wird vor allen Dingen durch die Kunststoffteile bestimmt, die nicht nur in der Fertigung (Fertigungszeiten, Umwelt), sondern auch in der Reparaturmöglichkeit noch einige Fragen stellen. Die Vorteile der Kunststoffe im Karosseriebau sind:

☐ einfache Herstellung komplizierter Formen (Bild 13.2) sowie Integralbauweise
☐ Leichtbau
☐ Korrosionsbeständigkeit

Ein bisher nur als Forschungsauto vorliegendes Konzept ersetzt den herkömmlichen Karosserieboden, das Fahrzeugdach sowie die Klappen durch Sandwichelemente (Bild 13.3). Die großflächigen Elemente müssen in der traditionellen Blechbauweise versteift werden. Sandwichkonstruktionen haben schon vom Grundprinzip her eine große Steifigkeit und sind daher in diesen Bereichen gut geeignet. Verbunden werden diese Elemente mit der Tragstruktur durch Kleben.

Noch einen Schritt weiter geht das Konzept nach Bild 13.4. Hier wird der gesamte Vorderwagen durch eine Sandwichstruktur ersetzt. Die insbesondere interessierenden Crashwerte sind in Bild 13.5 dargestellt. Bei der Blechbauweise auftretende

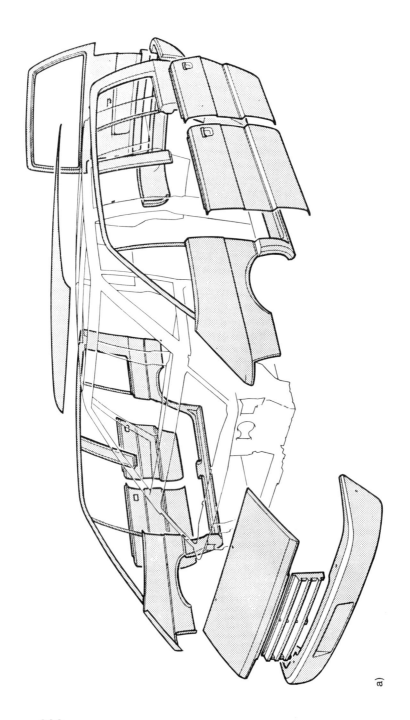

a)

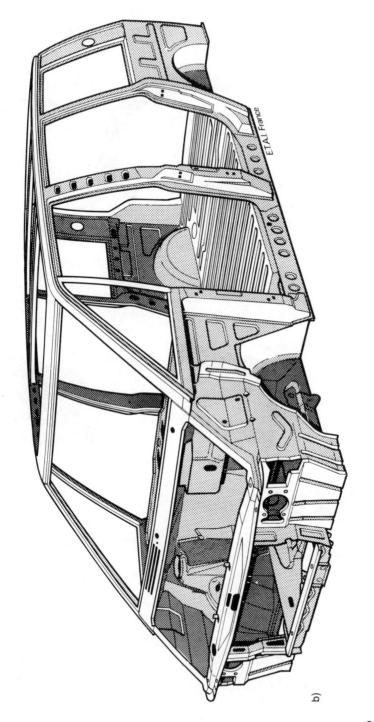

Bild 13.1 Voll kunststoffverkleidete und verzinkte Pkw-Karosserie (Renault)

b)

Bild 13.2 Aus Kunststoff gestalteter Bug einer Pkw-Karosserie (Mazda)

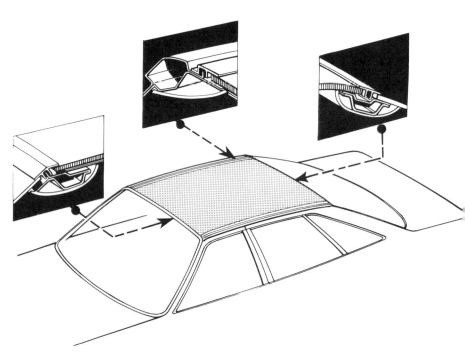

Bild 13.3 Aus einem Sandwichelement hergestellter Dachbereich (Audi)

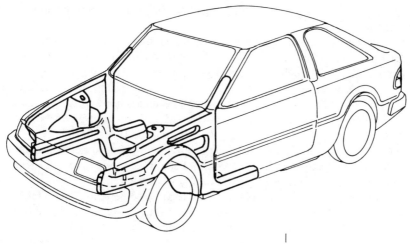

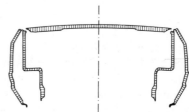

Bild 13.4 Aus Voll-Sandwich hergestellter Vorderwagen (Ford)

Bild 13.5 Crash-Werte für einen Vorderwagen in herkömmlicher Blechbauweise und in Sandwichbauweise nach Bild (Ford)

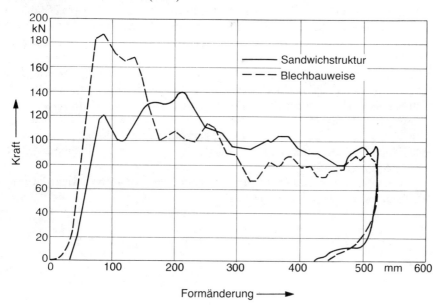

Spitzen zu Anfang der Verformung sind bei einer Sandwichbauweise nicht vorhanden.

Neue Fertigungskonzepte gehen davon aus, möglichst viele Einzelmodule vor der Endmontage herzustellen. Diese Einzelmodule können getrennt komplettiert werden. Damit ist auch die Möglichkeit getrennter Fertigungsplätze gegeben.

In dem Konzept nach Bild 13.6 ist die gesamte Stirnwand einschließlich Cockpit und Pedale ein Modul, das in der Vormontage auch schon geprüft werden kann. In den vorderen Karosserieausschnitt wird das Modul von oben eingesetzt und mit der Bodengruppe verklebt (U-förmiger Klebekanal) und verschraubt.

Auch das im Forschungsauto nach Bild 13.3 vorgesehene Bodenelement könnte als Modul mit fertig montiertem Cockpit, Pedalträger und Sitzen in die Karosserieträgerstruktur von unten eingesetzt und geklebt werden.

Eine weitere Möglichkeit für die Modulbauweise besteht in der Trennung von Karosserie und Fahrschemel. Die Fahrschemel können sowohl das gesamte Fahrwerk als auch den Antriebsblock aufnehmen (Bild 12.6).

Auch eine Trennung von Frontbereich, Dach- und Bodengruppe ist sinnvoll. Hier können vor dem endgültigen Zusammenbau alle Einzelmontagen an der Bodengruppe leicht durchgeführt werden (Bild 13.7). Insbesondere auf die leichte Montage des Antriebsblockes soll hingewiesen werden (Reparatur).

Die vertikal geteilte Karosserie führt zu einem Konzept nach Bild 13.8. Hier sind Vorder- und Hinterwagen getrennte Module, die zusammengeschraubt werden.

Die Frage, ob Aluminium für den Pkw-Bau vertretbar ist, wurde mit dem Bau einer Versuchskarosserie untersucht. Diese Versuchskarosserie basiert auf einer Serienkarosserie. Das Punktschweißen wurde durch Nieten ersetzt (Bild 13.9). Denkbar ist auch eine Kombination von Kleben und Nieten. Das Gewicht der Aluminiumkarosserie war jetzt nur noch 145 kg gegenüber 280 kg bei Stahl.

Die Torsionssteifigkeit betrug 60,6% der Stahlausführung. Auf die Masse bezogen, wurde dadurch eine Verbesserung auf 113,8% erreicht. Somit lag die erste Torsionseigenfrequenz auch höher (126%).

Bei der Fertigung wurde eine warmaushärtbare Legierung verwendet. Diese Legierung hatte im nicht ausgehärteten Zustand eine Zugfestigkeit von 230 N/mm^2, eine Streckgrenze von 125 N/mm^2 und eine Bruchdehnung 25%. Durch die hohe Bruchdehnung waren gute Tiefzieheigenschaften gegeben. Nach der Warmaushärtung (1 Std., 204 °C) erhöhten sich die Zugfestigkeit auf 340 N/mm^2 und die Streckgrenze auf 300 N/mm^2. Die Bruchdehnung ging dabei auf 11,5% zurück.

Ein parallel dazu entwickelter Längsträger konnte bei halben Gewicht die gleiche Verformungsenergie aufnehmen.

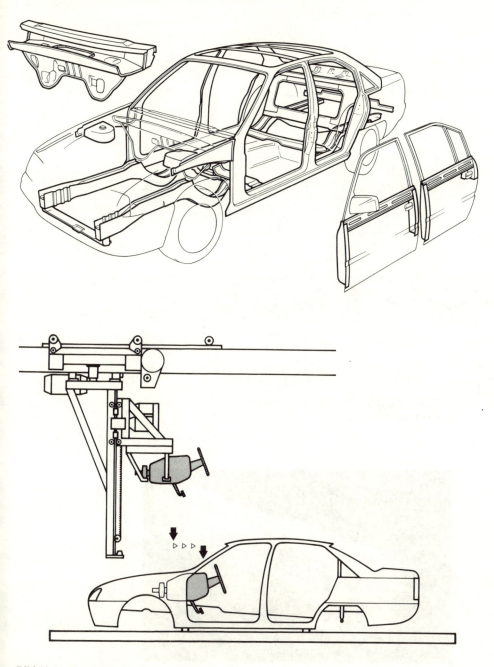

Bild 13.6 Getrennte Fertigung des Stirnwandbereichs einschließlich Aggregate (Opel)

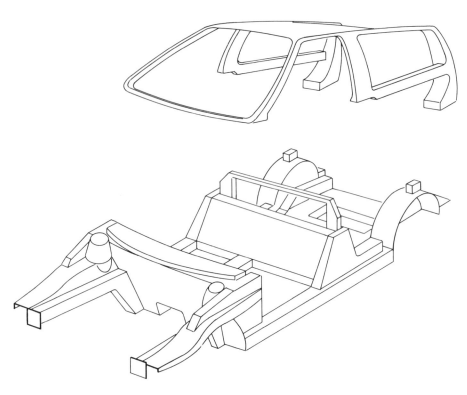

Bild 13.7 Horizontale Fahrzeugtrennung in Baugruppen (Volvo)

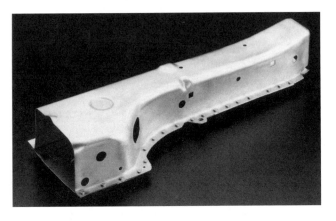

Bild 13.9 Genieteter Längsträger aus Aluminium (Audi)

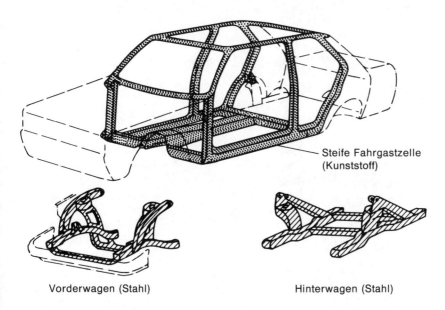

Bild 13.8 Vertikale Fahrzeugtrennung in Baugruppen (VW)

14 Berechnung

Bei bestimmten Lastfällen können Strukturberechnungen durchgeführt werden. Eine Strukturbelastung, die sich im statischen Fall ergibt, ist aber nicht ohne weiteres auf den dynamischen Fall zu übertragen (Abschnitt 2.2.5). Um doch schon im statischen Fall zu brauchbaren Ergebnissen zu kommen, wird ein aus der Erfahrung heraus ermitteltes statisches Lastkollektiv angenommen (Bild 14.1).

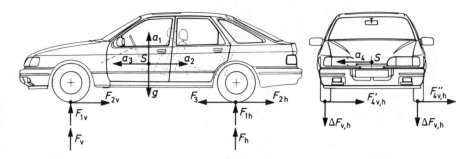

Bild 14.1 Statisches Belastungskollektiv für eine Karosserieberechnung

F_v, F_h = Biegung (g)
$\Delta F_{v,h}$ = Torsion
F_{1v}, F_{1h} = vertikaler Stoß (a1)
F_{2v}, F_{2h} = Bremsen (a2)
F_3 = Anfahren (a3)
$F'_{4v,h}, F''_{4v,h}$ = Kurvenfahrt (a4)

Eine genaue Strukturberechnung ist wegen des komplizierten Aufbaus nur mit Hilfe der Methode der Finiten Elemente durchführbar. Diese Berechnungsmethode erfordert einen großen Rechenaufwand. Die Karosserie wird in «finite» Elemente zerlegt, die nur noch an den Eckpunkten miteinander verbunden sind. In Bereichen von Krümmungen müssen die Elemente sehr klein gewählt werden, um die hier vorhandenen starken Spannungsunterschiede erfassen zu können (Bild 14.2). Die «finiten» Flächenelemente können auch durch Fachwerkstäbe ersetzt werden, lange Träger als Balken (z. B. Schweller). Auf diese Weise kann die gesamte Karosserie als Stabwerk betrachtet werden (Abschnitt 2.2.5).

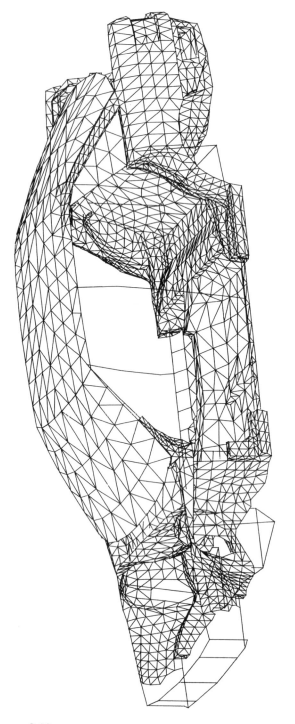

Bild 14.2 In finite Elemente aufgeteilte Pkw-Karosserie. Teilweise wurden Balkenelemente angenommen (z.B. B-Säule). (Audi)

Das Ergebnis ist eine große Datenmenge (Verschiebungen der Elementeckpunkte, mittlere Vergleichsspannungen, elastische Energien), die für eine Analyse aufbereitet werden muß (Bild 14.3).

Bauteil	Maximale Vergleichsspannung (N/mm²)	Masse (kg)	Relative Formänderungsarbeit (%)	Formänderungsarbeit/Masse (Nmm/kg)
Vorderes Radhaus	56	4,0	6,2	1,7
Dach	11	5,1	1,7	4,0
Pfosten (hinten)	105	3,1	1,36	6,1
Hinterboden	22	7,9	1,8	2,5
Vorderer Längsträger	31	4,8	3,0	7,1
		$\bar{Z}=91\,\text{kg}$	$\bar{Z}=100\%$	

Bild 14.3 Ausschnitt eines Computerausdrucks einer Finite-Elemente-Rechnung (halbe Karosserie)

Sehr gut hat sich die Darstellung der spezifischen elastischen Energien bestimmter Bereiche über der Masse bewährt. Das Produkt ergibt die elastische Energie (Bild 14.4). Bereiche mit hoher spezifischer elastischer Energie sind hoch belastet. Bereiche mit großer elastischer Energie haben einen großen Anteil an der Verformung und damit der Karosseriesteifigkeit.

Man kann mit Hilfe obiger Diagramme abschätzen, welchen Einfluß die Steifigkeitsänderung eines Karosseriebereichs auf die Änderung der Gesamtsteifigkeit hat. Ändert man die Steifigkeit eines Bereichs um ΔSE (%), und hat der Bereich einen Anteil an der Gesamtformänderungsarbeit AE (%), dann gilt für die Änderung der Gesamtsteifigkeit ΔSG (%) nach DIRSCHMIDT:

$$\Delta SG = \frac{\Delta SE \cdot AE}{100}$$

Die Abschätzung besitzt eine Genauigkeit von besser als 10%, wenn die Steifigkeitsänderungen der Karosseriebereiche zwischen 0,4 und 2,5 liegen.

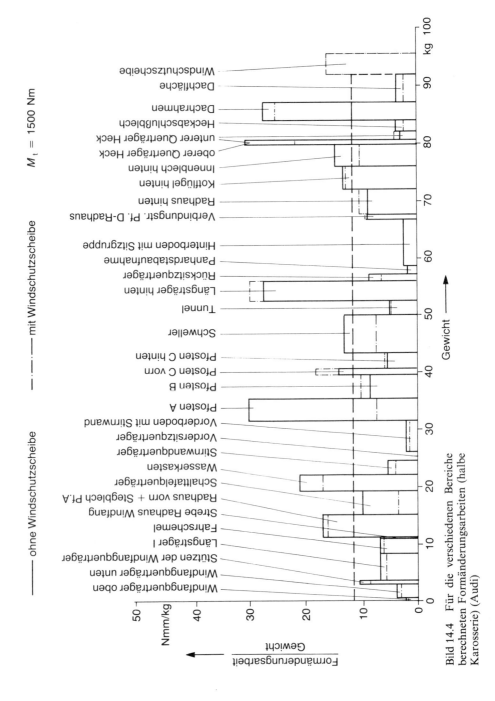

Bild 14.4 Für die verschiedenen Bereiche berechneten Formänderungsarbeiten (halbe Karosserie) (Audi)

15 Erprobung der Karosserie

Bei der Entwicklung von Karosserien kann, trotz ausgereifter Berechnungsverfahren, auf Versuche nicht verzichtet werden. Durch die Versuche erhält man den endgültigen Nachweis dafür, ob eine Karosserie die an sie gestellten Anforderungen erfüllt. Dieses sind vor allen Dingen:

☐ geringes Gewicht
☐ große Steifigkeit und damit hohe Eigenfrequenzen
☐ ausreichende Betriebsfestigkeit
☐ Crash-Sicherheit

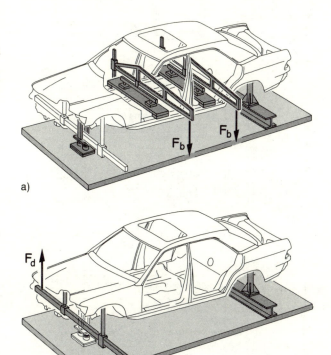

Bild 15.1
Versuchsanordnungen
für statische Belastungen
a) Biegung
b) Torsion (HOTTINGER)

15.1 Steifigkeitsmessungen

Steifigkeitsmessungen werden an der Rohbaukarosserie durchgeführt. Örtliche Steifigkeitsmessungen, z. B. an Knoten, dienen unter anderem zur Unterstützung der rechnerischen Verfahren.

Bild 15.1 zeigt den schematischen Versuchsaufbau zur Messung der Biege- und Verdrehsteifigkeit. Die Lagerung der Karosserie sollte so erfolgen, daß die Krafteinleitungspunkte der Wirklichkeit entsprechen. Eventuell kann mit angebautem Fahrwerk unter gleichzeitiger Blockierung der Federung gemessen werden.

Bild 15.2 zeigt die Ergebnisse einer Steifigkeitsmessung. Die Meßpunkte befinden sich alle an der Karosserieunterseite. Gemessen wurde die senkrechte Verformung der Trägerstruktur.

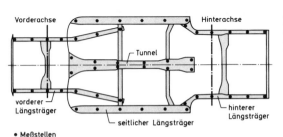

Bild 15.2
Gemessene Biege- und Torsionskurven (HOTTINGER)

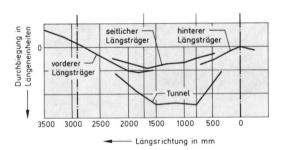

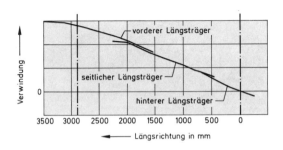

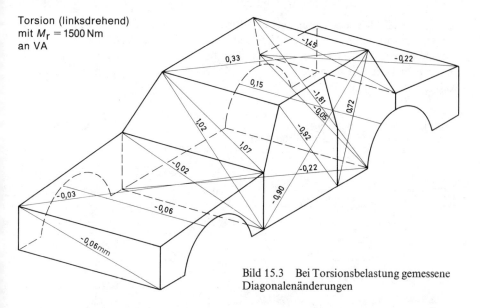

Bild 15.3 Bei Torsionsbelastung gemessene Diagonalenänderungen

Neben der Torsions- und Biegesteifigkeit ist auch die Schubverformung der Rahmen von Interesse. Dazu werden die Diagonalenänderungen gemessen, wozu sich sehr gut die Fadenmethode eignet. Ergebnisse zeigt Bild 15.3.

Als Beispiel zur Messung der Knotensteifigkeit soll die Verbindung B-Säule-Schweller gezeigt werden. Der Bereich wird aus der Gesamtkarosserie heraus-

Bild 15.4 Versuchsanordnung zur Messung der Verformung des Schweller-B-Säulen-Bereichs bei einer Seitencrashbelastung (Zugkraft auf den Schloßbolzen)

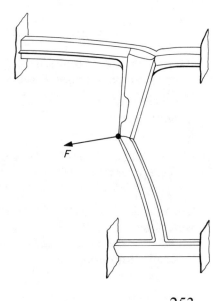

getrennt und in einer Versuchsvorrichtung an den Schnittstellen gelagert. Die Lagerung sollte den wirklichen Verhältnissen der Anbindung in der Karosserie nahekommen (Bild 15.4). Der Knoten kann für bestimmte Belastungen optimiert werden. Tabelle 15.1 zeigt die Änderungen der Karosseriesteifigkeiten bei Veränderungen an der Struktur.

Tabelle 15.1 Gemessene Biege- und Torsionssteifigkeiten an einer Pkw-Karosserie bei verschiedenen Veränderungen (grobe Werte)

	max. Durchbiegung	Torsionswinkel
Grundform	100%	100%
Ohne B-Säule	200%	122%
Ohne A- und B-Säule	650%	670%
Ohne Dach	–	200%
Ohne Rückwand	100%	135%
Frontscheibe geklebt	–	75%
Front- und Heckscheibe eingesetzt	–	80%

15.2 Schwingungstechnische Untersuchungen

Das Gesamtfahrzeug stellt ein sehr komplexes schwingungsfähiges System dar. Als Schwingungserreger kommen in Betracht:

☐ Straßenunebenheiten, die in einem breiten Spektrum vorliegen
☐ Radunwuchten
☐ Antrieb

Das System sollte zunächst einmal so abgestimmt sein, daß die Eigenfrequenzen der Teilsysteme getrennt sind (Entkoppelung der Teilsysteme):

☐ Aufbau $\approx 1\,\text{Hz}$
☐ Radaufhängung $\approx 15\,\text{Hz}$
☐ Motorlagerung $\approx 8\,\text{Hz}$
☐ Fahrgastsitz $\approx 2\text{--}3\,\text{Hz}$
☐ 1. Torsion (Karosserie) $\approx 20\,\text{Hz}$
☐ 1. Biegung (Karosserie) $\approx 30\,\text{Hz}$

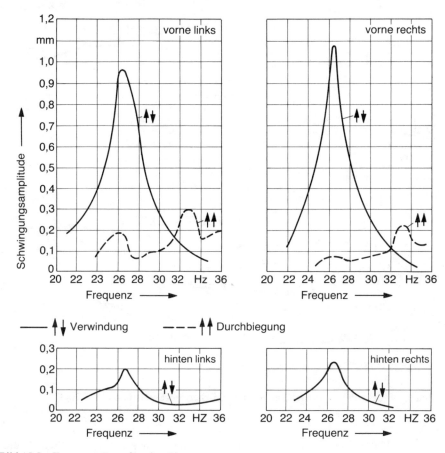

Bild 15.5 Frequenzgänge für eine Pkw-Karosserie bei dynamischer Belastung (ATZ 73/3)

Die Karosserieeigenfrequenzen liegen also oberhalb der Federungsfrequenzen. Frequenzuntersuchungen werden mit Hilfe von elektrodynamischen Erregern an der Rohkarosserie durchgeführt. Die Schwingung der Karosserie erfolgt mit der Erregerfrequenz. Bild 15.5 zeigt die Frequenzgänge einer an den vorderen Längsträgern gleichphasig und gegenphasig erregten Karosserie. Für die gleichphasige Erregung ist auch die Schwingungsform angegeben (Bild 15.6). Die Schwingungsformen können mit Hilfe von Beschleunigungsaufnehmern gemessen werden. Aus der Beschleunigungsamplitude a_0 erhält man mit der Erregerfrequenz Ω die Wegamplitude s_0:

$$s_0 = a_0/\Omega^2$$

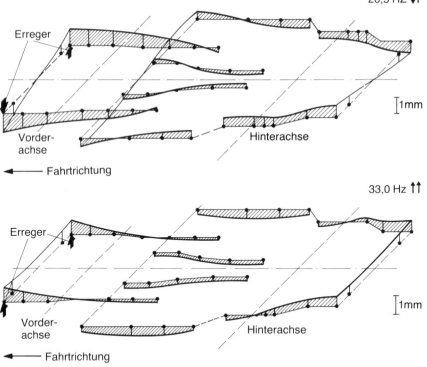

Bild 15.6 Schwingungsausschläge bei dynamischer Biegebelastung (ATZ 73/3)

Aus der Darstellung der Schwingunsformen kann ersehen werden, wo Gebiete mit kleinen Ausschlägen liegen. Hier sollten die Anbauteile (Motor, Radaufhängung) befestigt sein.

Zu beachten ist, daß durch das Anbringen von Einbauten in die Karosserie die Torsionseigenfrequenz bis zu 15%, die Biegeeigenfrequenz bis zu 25% niedriger ausfallen kann.

15.3 Betriebsfestigkeit

Die Karosserie ist im Betrieb wechselnden Kräften verschiedener Größe und Frequenz ausgesetzt. Diese wechselnden Kräfte werden den statischen Kräften überlagert. Das gesamte im Fahrversuch ermittelte Belastungskollektiv ist die Grundlage für Prüfstandsversuche. Mittels Hydropulseinrichtungen wird dieses Belastungskollektiv, meist mit vergrößerten Werten, im Labor nachgefahren (Bild 15.7). Hier können an kritischen Stellen Beanspruchungs- und Versagensnachweise erbracht werden.

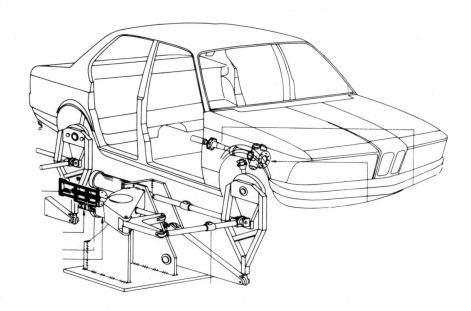

Bild 15.7 Hydropulsanlage zur Durchführung von Betriebsfestigkeitsversuchen (BMW)

16 Reparatur

Bei Beschädigung einer Karosserie infolge Unfalls muß zunächst festgestellt werden, welche Bereiche sich verformt haben. Eine Karosserie ist so konstruiert, daß sie im Front- und Heckbereich zur Energieaufnahme Knautschzonen besitzt. Dazu ist die Trägerstruktur in diesen Bereichen mit Sicken und gezielten Querschnittabschwächungen versehen, um möglichst günstige Verformungsverhältnisse zu erhalten (Bild 16.1). Die Knautschzonen sollen die Aufprallenergie in erster Linie absorbieren, während die Fahrgastzelle nur gering verformt werden soll.

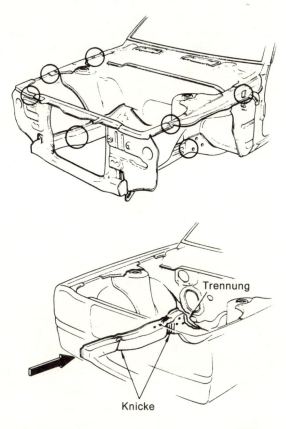

Bild 16.1
Knicke und Trennungen nach einem Crash (Toyota)

Beim Seitenaufprall dagegen entfällt eine solche Knautschzone, abgesehen von einem kleinen Energieaufnahmevermögen der Tür. Die Aufprallenergie wird also in diesem Fall direkt von der Fahrgastzelle aufgenommen. Entsprechend groß ist dann auch hier die Verformung.

Im allgemeinen erfolgt der Aufprall schräg bzw. versetzt zur Fahrzeugachse, so daß sich meist Mischformen ergeben. Weiter muß beachtet werden, daß nicht immer die Verformung im Stoßbereich liegt. Durch Trägheitskräfte, hervorgerufen durch die Massen des Fahrwerks, des Antriebsstrangs, der Insassen und der Zuladung sowie der Karosseriebereiche selbst, können auch Verformungen in entgegengesetzten Bereichen auftreten.

16.1 Richten einer verformten Karosserie

Im verformten Karosseriebereich gibt es Stellen mit plastischer und elastischer Verformung. Wird ein solcher Karosseriebereich aufgetrennt, so tritt Rückfederung ein. Diese Rückfederung ist eine Folge der elastischen Verformungen. Bild 16.2 zeigt einen verformten Rahmen. In den Ecken sind plastische Verformungen aufgetreten. Die in der Nähe der neutralen Faser vorhandenen elastischen Verformungen stehen unter Zwang. Beim Trennen wird der Zwang aufgehoben, und es entsteht in den Ecken ein Eigenspannungszustand. Wollte man diese

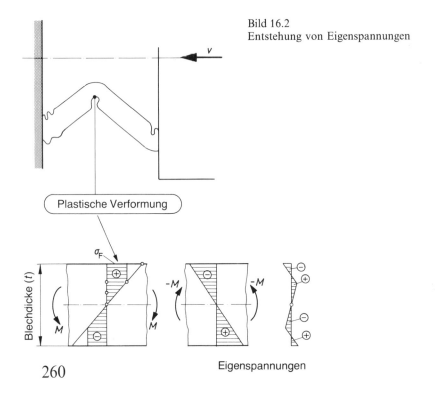

Bild 16.2
Entstehung von Eigenspannungen

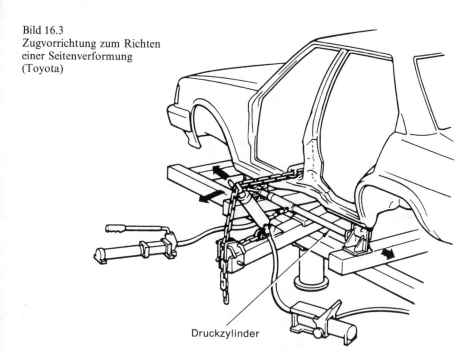

Bild 16.3
Zugvorrichtung zum Richten einer Seitenverformung (Toyota)

Druckzylinder

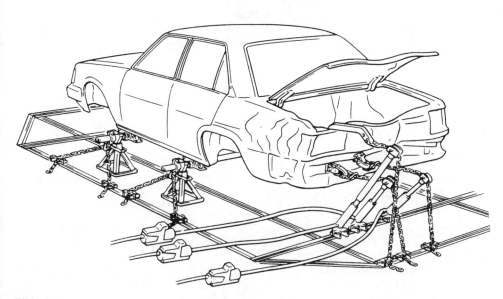

Bild 16.4
Zugvorrichtung zum Richten einer Heckverformung (Toyota)

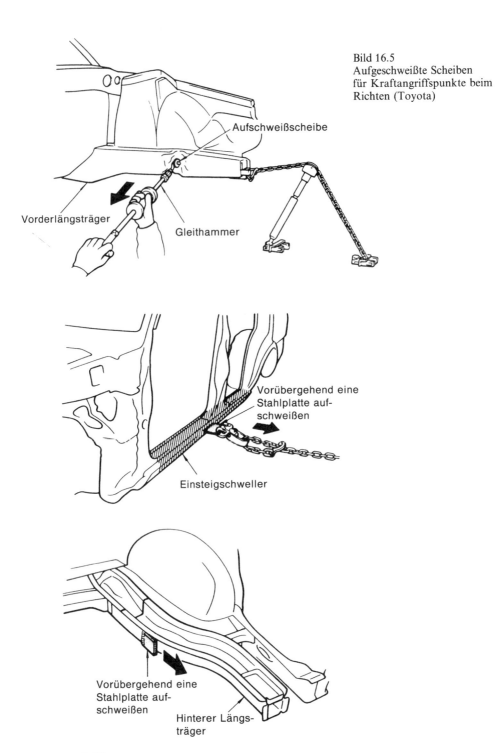

Bild 16.5
Aufgeschweißte Scheiben für Kraftangriffspunkte beim Richten (Toyota)

Eigenspannungen beseitigen, so könnte man mit Erwärmung arbeiten. Bei hochfesten Blechen ist in bestimmten Fällen Vorsicht geboten, da die Festigkeit durch Erwärmung abgeschwächt wird. Aber auch bei Blechen mit hohem Umformgrad, durch den die Festigkeit erhöht wurde, würde sich eine Festigkeitsminderung einstellen.

Beim Richten wird dem durch die Verformung entstandenen Eigenspannungszustand ein neuer Spannungszustand so überlagert, daß die ursprüngliche Form wieder herauskommt. Dazu wird eine Zugvorrichtung so angebracht, daß sie entgegen der Aufprallrichtung wirken kann (Bild 16.3). Besser geeignet ist das Anbringen mehrerer Zugelemente (Bild 16.4).

Eine weitere Unterstützung erhält man beim Richten, wenn zusätzliche Kraftangriffspunkte geschaffen werden. Eine Möglichkeit dazu ist das Anschweißen von Blechplatten oder Aufschweißscheiben (Bild 16.5). In Bild 16.4 ist ein typischer Aufbau zum Richten eines Heckbereichs angegeben.

16.2 Ersetzen von beschädigten Karosserieteilen

Schwierigkeiten bereitet die Wahl der Trennstellen. Wenn möglich, sollte dort getrennt werden, wo auch die Schweißpunkte liegen, d.h. an Stellen, bei denen auch bei der Fertigung Trennstellen sind. Die Schweißpunkte können z. B. durch Aufbohren gelöst werden (Bild 16.6). Muß durch die Bleche direkt geschnitten werden, so sollten dazu nicht zu hoch beanspruchte Bereiche ausgewählt werden. Insbesondere sollten die Schnitte außerhalb von Knoten liegen. Das Fügen von Trägern soll überlappt erfolgen, d.h., ein Träger soll nie gerade durchgeschnitten werden (Bild 16.7).

Bild 16.6
Aufbohren von Punktschweißverbindungen

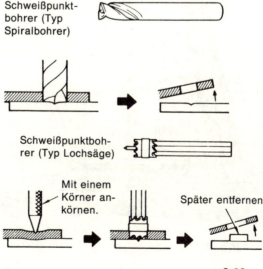

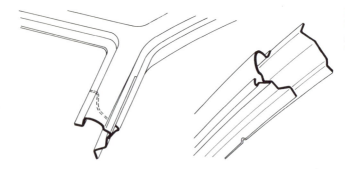

Bild 16.7
Überlappung bei einer zu erneuernden Trägerverbindung

16.3 Ersetzen der B-Säule

B-Säulen-Außenblech und Schweller-Außenblech bestehen aus einem Teil. Das Schweller-Außenblech wird durch Schweißpunktaufbohren und Trennen gelöst. Das Lösen der B-Säule am Dachlängsträger erfolgt ebenfalls durch Trennen. Das neue B-Säulen- bzw. Schweller-Außenblech wird eingesetzt, desgleichen das

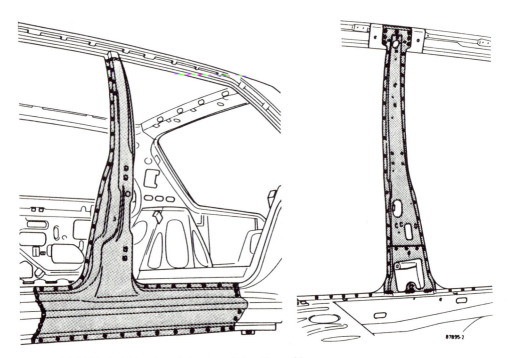

Bild 16.8 Einbau eines Seitenwandteiles (Renault)

B-Säulen-Innenblech. Durch den Versatz des B-Säulen-Innenblechs gibt es keine gerade Trennfläche. Auch der Schweller hat keine gerade Trennfläche, da das Schwellerinnenblech durchgehend ist (Bild 16.8).

16.4 Hintere Seitenwand mit äußerem Radkasten

Als Reparaturbleche stehen die hintere Seitenwand innen und außen zur Verfügung. Das Abtrennen der beschädigten Teile erfolgt durch Schweißpunktaufbohren und Sägeschnitte. Zunächst wird das äußere Radkastenblech mit dem verbliebenen Seitenwandinnenblech verbunden. Danach wird das hintere Seitenwandaußenblech angebracht. Die Verbindungen werden durch Punkt- und Lochpunktschweißung hergestellt (Bild 16.9).

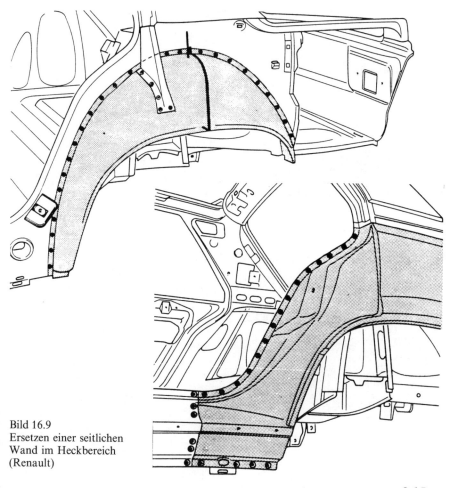

Bild 16.9
Ersetzen einer seitlichen Wand im Heckbereich (Renault)

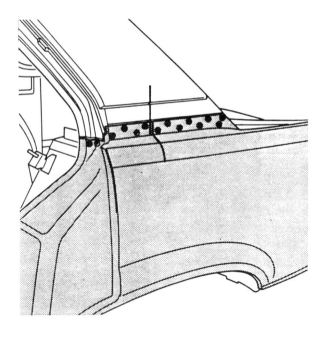

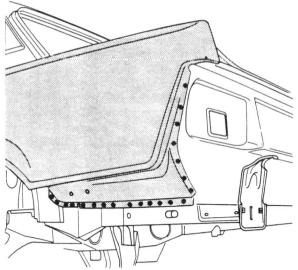

Bild 16.9 (Fortsetzung)

Formelzeichen

Grundlagen (Kapitel 1 bis 4)

A	Querschnitt	S_{ix}	Kraft im Punkt i in x-Richtung
A_5	Bruchdehnung ($l_0 = 5 \cdot d_0$)	S_{iy}	Kraft im Punkt i in y-Richtung
A_d	Querschnitt eines Ersatzdiagonalstabs	S_{iz}	Kraft im Punkt i in z-Richtung
a	Beschleunigung	S_{krit}	Kritische Druckkraft bei Knicken
a	Feldbreite, Kantenlänge eines Vierkantprofils	t	Zeit
$\hat{E}$	Elastizitätsmodul	t	Temperatur (°C)
F	Kraft	t	Blechdicke
f	Durchbiegung	v	Verschiebung
I	Stromstärke	v_{ix}	Verschiebung im Punkt i in x-Richtung
J	Biegeträgheitsmoment	v_{iy}	Verschiebung im Punkt i in y-Richtung
J_{min}	Kleinstes Biegeträgheitsmoment	v_{iz}	Verschiebung im Punkt i in z-Richtung
J_{max}	Größtes Biegeträgheitsmoment	W	Widerstandsmoment bei Biegung
J_t	Torsionsträgheitsmoment	X	Winkel zwischen Stab und x-Achse
K_{mn}	Kantenkraft zwischen den Ebenen $\hat{m}$ und $\hat{n}$	Y	Winkel zwischen Stab und y-Achse
L	Länge	Z	Winkel zwischen Stab und z-Achse
l	Länge, Stablänge	A_{mn}	Element der Gesamtsteifigkeitsmatrix
l_{mn}	Kantenlänge zwischen den Ebenen $\hat{m}$ und $\hat{n}$	a_{mn}	Element der Elementsteifigkeitsmatrix
M	Biegemoment	$\bar{F}$	Vektor aller äußeren Kräfte
M_t	Torsionsmoment	$\bar{F}^0$	Vektor der Amplituden aller äußeren Kräfte bei dynamischer Belastung
m	Masse		
N_i	Lastspielzahl bei Bruch		
n_i	Lastspielzahl		
q_M	Mantelschubfluß (Bredt)	$\bar{\bar{K}}_i$	Elementsteifigkeitsmatrix
R	Ohmscher Widerstand	$(\Sigma \bar{\bar{K}}_i)$	Gesamtsteifigkeitsmatrix
R	Radius		
R_a	Rauhigkeit		
R_e	Streckgrenze		
R_m	Zugfestigkeit		
R_p	Proportionalitätsgrenze		
S	Kraft		

Symbol	Bedeutung
$(\Sigma \bar{K}_i)_{Lager}$	Lagermatrix
$(\Sigma \bar{K}_i)_{red}$	Reduzierte Gesamtsteifigkeitsmatrix
$\bar{L}$	Vektor aller Lagerkräfte
$\bar{L}^0$	Vektor der Amplituden aller Lagerkräfte bei dynamischer Belastung
$\bar{M}$	Massenmatrix
$\bar{S}_i$	Vektor der Stabkräfte des Stabes i
$\bar{T}$	Vektor aller Trägheitskräfte
$\bar{v}$	Vektor aller Verschiebungen
$\bar{v}^0$	Vektor der Amplituden aller Verschiebungen bei dynamischer Belastung
$\bar{v}_i$	Vektor der Verschiebungen des Stabes i
$\bar{\bar{v}}$	Vektor aller Beschleunigungen
α	Winkel
ε	Dehnung
φ	Biegewinkel
λ	Ähnlichkeitsmaßstab
λ_a	Ähnlichkeitsmaßstab der Kantenlänge a
λ_E	Ähnlichkeitsmaßstab des Elastizitätsmoduls E
λ_m	Ähnlichkeitsmaßstab der Masse m
λ_t	Ähnlichkeitsmaßstab der Blechdicke t
$\lambda_{\sigma kr}$	Ähnlichkeitsmaßstab der kritischen Beulnormalspannung σ_{kr}
$\lambda_{\omega_{pl}}$	Ähnlichkeitsmaßstab der spezifischen plastischen Energie ω_{pl}
ν	Querdehnzahl
ω	Kreisfrequenz
π	3,14
ϱ	Dichte
σ	Normalspannung
σ_{krit}	Kritische Beulnormalspannung
σ_{krit}	Kritische Knickspannung
σ_{min}	Minimale Normalspannung
σ_{max}	Maximale Normalspannung
$\hat{\sigma}_S$	Spannung an der Streckgrenze ($\equiv \hat{R}_e$)
τ	Schubspannung
τ_{krit}	Kritische Beulschubspannung

Nkw (Kapitel 5 und 6)

Symbol	Bedeutung
A	Fläche
a	Beschleunigung (Verzögerung)
a	Feldlänge
b	Breite
b	Feldbreite
b_v	Spurweite (vorne)
b_h	Spurweite (hinten)
c	Federkonstante
c_{F_v}	Federkonstante der vorderen Federn
c_{F_h}	Federkonstante der hinteren Federn
c_{R_v}	Federkonstante der vorderen Reifen
c_{R_h}	Federkonstante der hinteren Reifen
$\hat{E}$	Elastizitätsmodul
e	Abstand
e	Abstand zwischen den Achsen
e_{Sch}	Abstand des Kraftangriffspunktes vom Schubmittelpunkt
F	Kraft
F_{Niet}	Kraft auf einem Niet
ΔF	Kraft bei Torsionsbelastung
$\hat{G}$	Gleitmodul
h	Höhe
h_S	Höhe einer Fenstersäule
Δh	Unebenheit der Fahrbahn am vorderen Radaufstandspunkt
Δh_{Federn}	Durchfederung am vorderen Radaufstandspunkt (Federanteil)
Δh_{Rahmen}	Durchfederung am vorderen Radaufstandspunkt (Rahmenanteil)
Δh_{Reifen}	Durchfederung am vorderen Radaufstandspunkt (Reifenanteil)
J	Biegeträgheitsmoment
J_t	Torsionsträgheitsmoment
L	Längskraft
L_o	Längskraft im Türrahmen (oben)
L_u	Längskraft im Türrahmen (unten)
l	Länge
l_K	Wirksame Knicklänge

M	Moment	**Pkw (Kapitel 7 bis 16)**	
M	Biegemoment		
M_t	Torsionsmoment	A	Fläche, Stabquerschnitt
M_{t_T}	Anteil des Torsionsmomentes eines Stabes an der Torsion	a	Beschleunigung (Verzögerung)
		a_m	Mittlere Beschleunigung
		a_{max}	Maximale Beschleunigung
M_{t_B}	Anteil des Torsionsmomentes eines Stabes an der Biegung	a_1	Beschleunigung (Verzögerung) der Masse 1
m	Masse		
m_{Au}	Aufbaumasse	a_2	Beschleunigung (Verzögerung) der Masse 2
n	Anzahl der Träger		
n_2	Anzahl der Schubträger	a_0	Beschleunigungsamplitude
n	Anzahl der Niete	$\hat{E}$	Elastizitätsmodul
Q	Querkraft	F	Kraft
q	Schubfluß	ΔF	Kraft bei Torsionsbelastung
q_M	Mantelschubfluß (Bredt)	HIC	Verletzungsschwereindex
$\hat{R}_e$	Streckgrenze		(a[m/s], t[s])
S	Stabkraft	l	Länge
S	Rahmensteifigkeit	M	Biegemoment
s_v	Federspurweite (vorne)	M_t	Torsionsmoment
s_h	Federspurweite (hinten)	m	Masse
t	Blechstärke	m_I	Masse der Insassen
Δ	Durchbiegung bei S-Schlag	m_1	Masse 1
φ	Torsionswinkel	m_2	Masse 2
φ_L	Torsionswinkel der Rahmenlängsträger	Q	Querkraft
		q	Schubfluß
φ_Q	Torsionswinkel der Rahmenquerträger	q_M	Mantelschubfluß (Bredt)
		$\hat{R}_e$	Streckgrenze
φ_e	Torsionswinkel zwischen den Achsen	s_0	Wegamplitude
		SI	Verletzungsschwereindex (a[m/s], t[s])
σ	Normalspannung		
σ_b	Normalspannung bei Biegung	t	Blechstärke
σ_ω	Normalspannung bei Wölbbehinderung	t	Zeit
		Δt	Zeitintervall
σ_{krit}	Kritische Knickspannung	v	Geschwindigkeit
σ_{krit}	Kritische Beulnormalspannung	v_S	Schwerpunktsgeschwindigkeit
$\hat{\sigma}_S$	Spannung an der Streckgrenze ($\equiv \hat{R}_e$)	Δv	Geschwindigkeitsdifferenz
		v_1	Geschwindigkeit der Masse 1
τ	Schubspannung	v_2	Geschwindigkeit der Masse 2
τ_{krit}	Kritische Beulschubspannung	W	Energie
τ_t	Schubspannung bei Torsion	W_I	Kinetische Energie der Insassen
		W_{kin}	Kinetische Energie
Indizes:		W'_{kin}	Kinetische Energie vor dem Stoß
Au	Aufbau	W''_{kin}	Kinetische Energie nach dem Stoß
D	Dach		
F	Fahrgestell	Ω	Erregerfrequenz
S	Seitenwand		

Literaturverzeichnis

1. Bücher und Fachaufsätze:

Appel, Blödorn, Kühmel, Posch, Rattaj, Willumeit, Wollert:
Das Sicherheitskonzept des Forschungs-Pkw UNI-CAR.
VDI-Berichte 418, 1981

Beermann:
Rechnerische Analyse von Nutzfahrzeugtragwerken.
TÜV-Verlag Rheinland, 1986

Bläsius:
Beladung und Lastverteilung auf Nutzfahrzeugen.
Fahrzeug und Karosserie, 1987 (5)

Blödorn:
Bauweisen und Werkstoffe im Automobilbau.
Verlag Dr. Rüdiger Martienss, Schwarzenbek, 1986

Bohnsack, Heyen, Pohle, Ullrich:
Fachkenntnisse für Karosserie- und Fahrzeugbauer.
Verlag Handwerk und Technik, Hamburg, 1979

Boigh:
Der Weg zum Vollkunststoffauto – Möglichkeiten durch Einsatz von Modultechnik.
VDI-Berichte 665, 1987

Braess:
Zur gegenseitigen Abhängigkeit der Personenwagen-Auslegungsparameter Höhe, Länge und Gewicht.
ATZ 81/1979 (9)

Breitling:
Lebensdauervorhersage für hochbeanspruchte Bauteile von Nutzfahrzeugen.
VDI-Berichte 613, 1986

Burst, Bäuerle, Thull:
Studie einer selbsttragenden Ganzaluminiumkarosserie auf Basis des Porsche 928 S.
ATZ 86/1984 (5)

Bussien:
Automobiltechnisches Handbuch.
Technischer Verlag Herbert Cram, Berlin, 1965

Bussien:
Automobiltechnisches Handbuch (Ergänzungsband).
de Gruyter-Verlag, Berlin, 1978

Dietz, Wieland:
Verzinkte Bleche im Karosseriebau am Beispiel Audi 80 und Audi 100/200.
ATZ 89/1987 (1)

Dirschmid:
Methode zur Auslegung einer Fahrzeug-Karosserie hinsichtlich optimaler Gesamtsteifigkeit.
ATZ 71/1969 (1)

Drewes, Krauss, Müschenborn:
Einsatz von höherfesten Stählen in Personenwagen.
ATZ 87/1985 (10, 11, 12)

Dubbel:
Taschenbuch für den Maschinenbau.
Springer-Verlag, Berlin–Heidelberg–New York, 1981

Erz:
Über die durch Unebenheiten der Fahrbahn hervorgerufene Verdrehung von Straßenfahrzeugen.
ATZ 59/1957 (4)

Geißler, Pressel:
Dynamische Berechnung von Nutzfahrzeugstrukturen.
Leichtbau der Verkehrsfahrzeuge 21/1977 (4, 5)

Gellings:
Korrosion und Korrosionsschutz von Metallen.
Carl-Hanser-Verlag, München–Wien, 1981

Gubka:
Karosseriebau und -instandhaltung.
VEB-Verlag Technik, Berlin, 1986

Haldenwanger:
Entwicklung und Erprobung von Sitzen für Personenkraftwagen.
ATZ 84/1982 (9)

Helling:
Umdruck zur Vorlesung Kraftfahrzeuge III:
Forschungsgesellschaft Kraftfahrwesen, Aachen, 1986

Huber, Reidelbach:
Die Karosserie der neuen Mercedes-Benz-Typen 190/190 E.
ATZ 85/1983 (7, 8)

Kinds, Christoph:
Steifigkeitsmessungen an Rohbaukarosserien.
Meßtechnische Briefe 21/1985, Hottinger Baldwin Meßtechnik GmbH, Darmstadt

Koewius:
Aluminium bei Nutzfahrzeugen für den Gütertransport
Aluminium 54/1978 (7)

Koewius:
Zur Situation des Leichtbaus mit Aluminium bei Straßenfahrzeugen.
Aluminium 54/1978 (4)

Nachbur:
Entwicklung von Autobuskonstruktionen aus Aluminium.
Aluminium 57/1980 (14)

Niemierski:
Eine rechnergestützte Karosserie-Generierung im Pkw Konzipierungsprozeß.
VDI-Berichte 613/1986

Robert Bosch GmbH:
Kraftfahrtechnisches Taschenbuch.
VDI-Verlag Düsseldorf, 1984.

Schretzenmayer:
Die Konzeption der Karosserie des Audi-Forschungsautos.
ATZ 84/1982 (3)

Schulz:
Der ÖNV-Bus ÜBO.
Leichtbau der Verkehrsfahrzeuge, 1980 (6)

Schwede:
Schwingungsuntersuchungen an Rohbaukarosserien.
ATZ 73/1971 (3)

Strobel:
Die moderne Automobilkarosserie.
Franckh'sche Verlagshandlung. Stuttgart, 1980

VDA:
Auto und Sicherheit.
Schriftenreihe des Verbandes der Automobilindustrie 22, Frankfurt, 1976

Waller, Krings:
Matrizenmethoden in der Maschinen- und Bauwerksdynamik.
Bibliographisches Institut, Mannheim–Wien–Zürich, 1975

Zimmer, Groth:
Elementmethode der Elastostatik.
R. Oldenbourg, München–Wien, 1970

Zimmermann:
Zusammenwirken von Strukturanalyse und Konstruktion in der Karosserieentwicklung.
VDI-Berichte 665/1987

2. Zeitschriften und Schriftenreihe:

Aluminium: Aluminiumzentrale, Düsseldorf

Automobil-Industrie (AI): Vogel Verlag und Druck KG, Würzburg

Automobiltechnische Zeitschrift (ATZ): Franckh'sche Verlagsanstalt, Stuttgart

Fahrzeug und Karosserie: Bielefelder Verlagsanstalt, Bielefeld

Leichtbau der Verkehrsfahrzeuge: Oldenbourg-Verlag, München

Opel-Schriftenreihe: Opel, Rüsselsheim

VDI-Berichte: VDI-Verlag, Düsseldorf

Verkehrsunfall und Fahrzeugtechnik: Verlag Information Ambs, Kippenheim

Im Text genannte Firmen

ALUMINIUMWALZWERKE,
 7700 Singen
ALUTEAM GmbH, 5440 Mayen
AUDI AG, 8070 Ingolstadt
BMW AG, 8000 München 40
CARGO-VAN GmbH, 6719 Kirchheim-
 Bollanden
CITROËN AG, 5000 Köln 90
DAIMLER-BENZ AG, 7000 Stuttgart 60
FORD AG, 5000 Köln 60
GETO-VAN KG, 4500 Osnabrück
HOTTINGER BALDWIN GmbH,
 6100 Darmstadt 1
IVECO MAGIERUS AG, 7900 Ulm

MAN GmbH, 8000 München 50
MAZDA GmbH, 5090 Leverkusen 1
OPEL AG, 6090 Rüsselsheim
PEUGEOT GmbH, 6600 Saarbrücken
PORSCHE AG, 7251 Weissach
RENAULT AG, 5040 Brühl
SCHWEIZERISCHE ALUMINIUM AG
TOYOTA GmbH, 5000 Köln 40
UNI-CAR (Hochschularbeitsgemeinschaft),
 1000 Berlin 12
VW AG, 3180 Wolfsburg 1
VOLVO GmbH, 6057 Dietzenbach
WUPPERMANN GmbH, 5090 Leverkusen 1

Kompetenz in Aluminium

Unser zentraler Firmensitz in Frankfurt ermöglicht uns, in

25 mm Snap-Lock-Bordwand
für Pritschenfahrzeuge

kurzer Zeit bei unseren Kunden präsent zu sein. Wir liefern

30 mm Snap-Lock-Wand innen verstärkt
für Palettenkipper

Aluminium-Halbzeuge und vorgefertigte Elemente

inklusive Zubehör und Beschläge für Nutzfahrzeug-Aufbauten.

50 mm Snap-Lock-Wand
für Muldenkipper

Auch wenn Sie eine maßgeschneiderte Problemlösung suchen,

25–30 mm Snap-Lock-Wand
für Klappwandaufbauten

rufen Sie uns einfach an. Wir sind sehr schnell bei Ihnen.

Das Unternehmen mit Profil

Berner Straße 44–48 · D-6000 Frankfurt
Telefon (069) 500050 · Telex 416538
Telefax (069) 5000535

Stichwortverzeichnis

A
Abdichtmasse 69
Abmessungen (Lkw) 113
Abmessungen (Omnibus) 76, 77
Abmessungen (Pkw) 158, 160
Ähnlichkeit 46
Ähnlichkeitsmaßstab 47
Aggregateanordnung (Lkw) 112
Aggregateanordnung (Omnibus) 96
Aggregateanordnung (Pkw) 174
Airbag 191
Aluminiumkarosserie (Pkw) 242
Aluminiumwerkstoffe 55
Antriebsanordnung (Lkw) 112, 114, 116
Antriebsanordnung (Omnibus) 79, 96
Antriebsanordnung (Pkw) 172
Aufbauröhre 80, 81
Aufknöpfen 62
Augenellipse 164
Augenpunkt 163, 164, 165, 166
Ausschäumen 71
Außenhaut (Pkw) 194, 195, 196
Außenmaße (Lkw) 14
Außenmaße (Omnibus) 14
Außenmaße (Pkw) 13

B
Balkenelement (FE) 35
Baugruppen (Lkw) 112
Baugruppen (Omnibus) 80
Beanspruchungskollektiv 53
Belastungsfälle (Lkw) 116, 130
Belastungsfälle (Omnibus) 82, 89, 106
Belastungsfälle (Pkw) 247
Belüften (Korrosion) 66
Berechnung (Leichtbau) 20
Berechnung (Lkw) 130, 133
Berechnung (Omnibus) 106, 108, 109
Berechnung (Pkw) 247
Bestuhlung (Omnibus) 75
Betriebsfestigkeit (Pkw) 256
Beulen 25

Biegebelastung (Lkw) 116, 118
Biegebelastung (Omnibus) 82, 84
Biegebelastung (Pkw) 202, 203
Biegelinie (Lkw) 118
Biegelinie (Omnibus) 84
Biegemomentenverlauf (Lkw) 118, 133
Biegemomentenverlauf (Omnibus) 85
Bleche (Pkw) 54
Blechelemente (Pkw) 226, 228
Blechstärkenkombination 224
Blechumformung 63, 223
Bodengruppe 225
Bordwand 151
Bredtsche Formel 21
Bruchdehnung 51

D
Decklack 67, 68
Diagonalstab 24
Dreipunktlagerung (Lkw) 138
Dynamische Belastung 36, 109
Dynamische Kräfte (Lkw) 130, 132
Dynamische Kräfte (Pkw) 247

E
Eigenfrequenzen 39, 109, 254, 255
Eigenspannungen 260
Einlagebleche (Lkw) 127
Einteilung (Nkw) 15
Einteilung (Pkw) 13
Elastizitätsmodul 51, 52
Empfindlichkeitskurven (Schwingung) 169
Energieaufnahme (Crash) 179, 184, 210
Energieaufnahmevermögen 48
Energieraster 184, 185
Entwurf (Lkw) 125, 136, 143
Entwurf (Omnibus) 93
Entwurf (Pkw) 209
Erprobung (Pkw) 251
Ersatzschubfeld 205
Ersatzstab 24, 27

275

Ersetzen (Reparatur) 263, 264, 265
Eulerscher Satz 20

F
Fachwerk 22, 24, 27
Fahrerhaus 152
Fahrerplatz (Lkw) 115
Fahrgestellrahmen 17, 126, 129
Fahrgestellrahmenbeanspruchung 118, 122, 123, 133
Fahrgestellröhre 80, 95, 96, 100, 101, 105
Fahrschemel (Pkw) 235
Fahrwerke (Lkw) 114
Fahrwerke (Omnibus) 96, 79
Fahrwerke (Pkw) 220, 221
Fahrzeugsitz 75, 115, 168, 189
Falte (Blech) 49
Faltenbildung 63, 49
Falzungen 68
Fenstersäulenbelastung (Omnibus) 83, 88, 92
Fenstersäulen (Omnibus) 82, 83, 87, 92
Fensterscheiben (Omnibus) 101
Fersenpunkt 164
Fertigung (Lkw) 127, 139, 145
Fertigung (Omnibus) 97
Fertigung (Pkw) 225
Finite Elemente 27, 134, 248
Formleichtbau 47
Formlinien 194, 195
Frontschutz (Pkw) 186
Füllgrund 67, 68
Fußkräfte 162

G
Gesamtsteifigkeitsmatrix 33, 41
Geschwindigkeitsverlauf (Crash) 182
Gewichte (Pkw) 159, 161
Gewichtsvergleich (St-Al) 104
Gewichtsverteilung (Lkw) 114
Gewichtsverteilung (Omnibus) 78
Gewichtsverteilung (Pkw) 162
Glasfaserkunststoffe (GFK) 56
Grenzformänderungskurven 63
Grundierung 68

H
HIC-Wert 176
Hilfsrahmen 135, 137, 139
Hilfsrahmenbefestigung 137
Hinterachse (Lkw) 115
Hinterachse (Omnibus) 79, 96
Hüllenlinien 194, 195
Hydropulsanlage 257

I
Innenraummaße (Pkw) 157, 158, 160, 170

K
Kaltnieten 127
Kaltverfestigung 63
Kantenkorrosion 67
Kantenkräfte 20, 92, 108
Kantenschutz 68
Karosserie (Omnibus) 18, 96, 102
Karosserie (Pkw) 19, 210, 215, 216, 217, 232, 233, 239, 243, 244
Karosseriebleche 54
Kastenaufbauten 16, 142, 145, 146, 147, 148, 149
Kleben 101, 102, 106, 205
Knicken 25, 26
Knicklänge 26, 143
Knotengestaltung (Pkw) 218
Körpermaße 163
Kofferraum (Omnibus) 76
Kofferraum (Pkw) 171
Konsolen 16, 129
Konstruktion (Lkw) 127, 136, 145
Konstruktion (Omnibus) 97
Konstruktion (Pkw) 213
Konstruktionsprinzipien (Pkw) 231
Kontaktkorrosion 71
Kopplung (Lkw) 135, 136
Kopplung (Omnibus) 81, 84, 89, 90
Korrosion 64
Korrosionsgeschwindigkeit 65
Korrosionsschutz 66
Krafteinleitungsstellen (Pkw) 219
Krafterregung 36, 42
Kraftstoffbehälter (Lkw) 112
Kraftstoffbehälter (Omnibus) 96
Kraftstoffbehälter (Pkw) 173
Kraftverlauf (Crash) 181, 182
Kröpfungen 126
Kühlluftführung (Pkw) 174
Kunststoffverkleidung (Pkw) 185, 238, 240

L
Ladebordwand 153
Längsträger (Pkw) 188, 208
Lastspielzahl 53
Lastverteilungsplan (Lkw) 131
Leichtbau 17
Leichtbauelemente 22
Leichtbaukonstruktionen 17
Lkw 111
Lokalelement 65

M
Massenmatrix 37
Meiner-Regel 53
Mikrolegierte Bleche 54
Mindestantriebsleistungen (Nkw) 14
Modell (Crash) 178

N
Nietbelastung 142
Nieten (Lkw) 127, 142
Normalpotential 69

O
ÖNV-Bus 75, 98
Örtliches Versagen 26
Omnibus 75
Optimale Schweißpunkte 61

P
PROCON/TEN 190
Passive Sicherheit 175
Patrik-Kurve 177
Phosphorlegierte Bleche 54
Pkw 157
Platzbedarf (Lkw) 111
Platzbedarf (Omnibus) 75
Platzbedarf (Pkw) 157
Polarendiagramm (GFK) 57
Polyesterharz 56
Pritschenaufbau 140, 141, 145, 151
Profile (Leichtbau) 23
Profile (Lkw) 125, 126, 128
Profilmasse (Lkw) 128
Punktschweißen 59

Q
Querkraftverlauf (Lkw) 117, 133
Querkraftverlauf (Omnibus) 85
Querschnitte (geschlossen) 23
Querschnitte (offen) 23
Querträger (Fahrgestellrahmen) 81, 97, 105
Querträger (Hilfsrahmen) 139, 140, 141
Querträgeranschluß (Fahrgestellrahmen) 17, 126, 129, 134
Querträgeranschluß (Hilfsrahmen) 139

R
R-Punkt 164
Rahmen 22, 24, 27
Rahmenbelastung (Pkw) 203, 206
Rahmenstruktur 17
Rahmenträgerbauweise (Pkw) 231
Raumbedarf (Lkw) 111
Raumbedarf (Omnibus) 75
Raumbedarf (Pkw) 157
Reduzierte Matrix 33
Reisebus 79
Relative Formänderungsarbeit 249
Reparatur (Pkw) 259
Richten (Pkw) 260
Rohkarosserie (Pkw) 225
Rolladentür (Lkw) 154
Roving (GFK) 57
Rückfederung 63

S
SI-Wert 177
Sandwich 57, 58, 147
Sandwichbauweise 106
Sandwichdach (Pkw) 240
Sandwichstruktur (Pkw) 241
Scheibeneinbau (Omnibus) 101
Scherzugkraft 62
Schrauben (Lkw) 127
Schubfeld 22, 23, 24
Schubfeldstruktur 17, 91, 142, 144, 205
Schubfluß 21
Schubmittelpunkt 120
Schweißen (Lkw) 136, 139
Schweißen (Omnibus) 97, 103
Schweißen (Pkw) 213, 218, 224, 263
Schweißpunktbohrer 263
Schweißpunktdurchmesser 59
Schweißstrom 61
Schwingungsbelastung (Omnibus) 107, 109
Schwingungsausschläge 256
Schwingungsbelastung 36, 39, 42, 43, 44, 45
Schwingungsbelastung (Lkw) 130
Schwingungsuntersuchung (Pkw) 254
Selbsttragende Karosserie 233
Seitenaufprall (Pkw) 208, 209, 212
Seiteneindrückung (Omnibus) 107
Seiteneindrückung (Pkw) 209
Seitenschutz (Pkw) 188, 212
Seitenwand (Lkw) 146, 147, 148, 150
Seitenwand (Omnibus) 98, 102, 104
Seitenwand (Pkw) 212, 215, 225
Seitenwandbeblechung (Omnibus) 99
Sicherheitsgurt 189
Sicherheitslenkung 189
Sichtverhältnisse (Lkw) 115
Sichtverhältnisse (Pkw) 162, 164
Sichtwinkel (Pkw) 164
Sicken 222
Sitzanordnung (Omnibus) 75

Sitzpositionen (Pkw)   163, 168
Sitzverhältnisse (Omnibus)   75
Sitzverhältnisse (Pkw)   162
Sitzverstellung (Pkw)   166
Spaltkorrosion   65, 71
Spannungs-Dehnungs-Diagramm   51
Spannungsamplitude   53
Stabelement (FE)   30
Stadtbus   76
Stahlwerkstoffe   54
Statisch bestimmt   26
Statisch überbestimmt   26
Steifigkeit   47
Steifigkeit (Pkw)   252, 254
Steifigkeitsmatrix   30, 34, 35
Stoffleichtbau   47
Strangpreßprofile   102, 105, 145
Streckgrenze   51
Streustrom   61
Struktur (Lkw)   17, 126, 145
Struktur (Omnibus)   18, 80, 81, 94, 95, 96
Struktur (Pkw)   19, 188, 201, 202, 205, 207, 210, 244
Strukturanalyse   249, 250
Strukturmaßnahme (Crash)   186

T
Tauchgrund   67
Thermomechanisch behandelte Bleche   54
Tiefziehen   223
Torsionsbelastung (Lkw)   117, 119, 128
Torsionsbelastung (Omnibus)   89
Torsionsbelastung (Pkw)   205, 207
Torsionsmodell (Lkw)   136
Torsionsmodell (Omnibus)   90
Torsionsstarre Rahmen   116, 117, 128
Torsionssteifigkeit   121
Torsionsweiche Rahmen   116, 117, 128
Trägerschnitte (Pkw)   19, 216, 217
Türen (Lkw)   146, 148
Türrahmen (Lkw)   145, 148
Türrahmenbelastung (Omnibus)   87

U
Überlandbus   76, 77
Überzüge bei Blechen   55

Unterbodenschutz   67
Unterfahrschutz   153, 154

V
Verformung (Omnibus)   108
Verformung (Pkw)   203, 206, 207, 252, 253
Verformungsgeschwindigkeit   52
Verformungsstellen (Crash)   211
Vergrößerungsfunktion (Sitzfederung)   169
Verhältnis Nutzlast/Leergewicht   15
Versagen (Leichtbau)   25
Verteiler   197, 198, 199, 200
Verwindung (Lkw)   116
Verwindungsfreie Aufbaubefestigung (Lkw)   136, 138
Verwölbung (Profile)   124
Verzinken   55, 70
Verzögerungsverlauf (Crash)   176, 181
Vorderachse (Lkw)   115
Vorderachse (Omnibus)   79, 96
Vordimensionierung (Lkw)   116, 118, 123, 135, 142
Vordimensionierung (Omnibus)   81, 89
Vordimensionierung (Pkw)   202, 205

W
Wegerregung   38, 45
Werkstoffe   54, 55, 56, 57
Wölbbehinderung (Profile)   124
Wölbspannung (Profile)   124

Z
Zeichnerische Darstellung (Pkw)   193
Zeitfestigkeit   53
Zinkphosphatierung   67
Zinkschicht   69
Zugfestigkeit   51, 52
Zukünftige Konzepte (Lkw)   154
Zukünftige Konzepte (Omnibus)   103
Zukünftige Konzepte (Pkw)   237
Zulässige Abmessungen   14
Zulässige Gesamtgewichte   14
Zusammenbau (Pkw)   225
Zweiphasenstähle   55

Personenkraftwagen, Rallye-Autos, Motorräder, Straßenbahnen, Kettenfahrzeuge, U-Bahnen, Lastkraftwagen, Formel-Fahrzeuge, Omnibusse, Sportwagen, Schwerlastfahrzeuge, S-Bahnen, Brücken, Eisenbahnen, Maschinen…
KONI liefert für jedes Dämpfungsproblem die richtige Lösung.

KONI DEUTSCHLAND, 5431 Ebernbahn, Telefon (02623) 602-0.

VOGEL-FACHBUCH

Karl Damschen

Karosserie-Instandsetzung

ca. 320 Seiten, zahlr. Bilder,
ISBN 3-8023-**0163**-3

Dieses Buch ist ein grundlegendes und weiterführendes Werk über die Karosserie-Instandsetzung. Dabei wurden die neuen Ausbildungsrahmenpläne für das Kfz-Handwerk weitgehend berücksichtigt. Die Kalkulation von Unfallschäden am Pkw ist ausführlich beschrieben und an Beispielen erläutert.

Aus dem Inhalt:
Entwicklung unfallbedingter Reparaturkosten, Karosseriebauweisen, Karosserieblechherstellung, Anforderungen an eine neuzeitliche Pkw-Karosserie, Passive Sicherheit, Aktive Sicherheit, Unfallkalkulation bei einer Pkw-Karosserie, Behebung eines leichten Blechschadens u.v.m.

Die neuen Verzeichnisse „CHIP Computerbücher" und „Technik Fachbücher" erhalten Sie kostenlos!

Vogel Buchverlag
Postfach 6740
D-8700 Würzburg 1